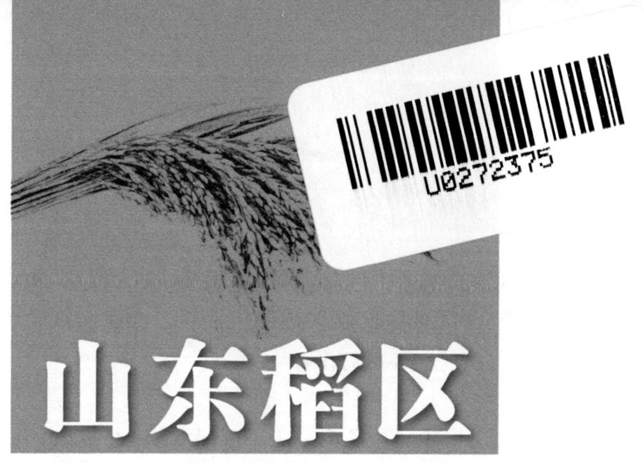

山东稻区
农药减施增效技术集成理论与应用

马　惠　等著

中国农业科学技术出版社

图书在版编目（CIP）数据

山东稻区农药减施增效技术集成理论与应用 / 马惠等著 . -- 北京：中国农业科学技术出版社，2023.11

ISBN 978-7-5116-6570-6

Ⅰ . ①山…　Ⅱ . ①马…　Ⅲ . ①水稻－农药施用－研究－山东　Ⅳ . ① S511

中国国家版本馆 CIP 数据核字（2023）第 236375 号

责任编辑　李华
责任校对　李向荣
责任印制　姜义伟　王思文

出 版 者　中国农业科学技术出版社
　　　　　北京市中关村南大街 12 号　邮编：100081
电　　话　（010）82109705（编辑室）（010）82109702（发行部）
　　　　　（010）82109709（读者服务部）
网　　址　https://castp.caas.cn
经 销 者　各地新华书店
印 刷 者　北京建宏印刷有限公司
开　　本　148 mm × 210 mm　1/32
印　　张　4.75　彩插 8 面
字　　数　121 千字
版　　次　2023 年 11 月第 1 版　2023 年 11 月第 1 次印刷
定　　价　76.00 元

《山东稻区农药减施增效技术集成理论与应用》

著者名单

主　著　马　惠（山东省农业科学院湿地农业与生态研究所 /
　　　　　　　　山东省水稻研究所）

副主著　信彩云（山东省农业科学院湿地农业与生态研究所 /
　　　　　　　　山东省水稻研究所）

参　著　于晓庆（山东省农业技术推广中心）

　　　　郭贵华（山东种业集团莒县有限公司）

　　　　张国福（山东省农药检定所）

　　　　栾陆华（山东鲁蔬种业有限责任公司）

　　　　李华伟（山东省农业科学院作物研究所）

　　　　杨　军（山东省农业科学院湿地农业与生态研究所 /
　　　　　　　　山东省水稻研究所）

　　　　姜　绪（山东省农业科学院湿地农业与生态研究所 /
　　　　　　　　山东省水稻研究所）

　　　　姚艳美（鱼台县清河镇为民服务中心）

　　　　侯红燕（山东省农业科学院黄河三角洲现代农业研究院）

　　　　孙运建（临沂市河东区丰田水稻种植专业合作联合社）

前言

作为我国最主要的粮食作物，水稻生产安全的重要性不言而喻。山东水稻生产具有高产、优质的两大优势。稻田病虫草发生危害是影响水稻产量和品质的主要因素之一。由于山东省水稻面积不大，病虫草害的防控技术单一，过分依赖化学农药，带来诸多不良影响。水稻病虫草害专业化防控技术水平亟待提高。

农药减量增效技术是根据现代化农业技术理念提出的新型种植技术，可以理解为减少农药使用量、增加农药使用效果的一种技术，是现代绿色农业、节能农业结合背景下发展而来的病虫草害绿色、安全、高效的专业化防控技术。

本书力图将近年来关于山东稻区农药减施增效的技术、措施等研究做一个全面、系统的总结和展示，为水稻技术推广人员、水稻生产管理人员、稻农等提供水稻病虫草害科学防控的技术支撑和措施参考。

本书的主要内容为2016年以来相关调查、研究成果的阶段性整理和总结。工作的开展得到了山东省农业科学院湿地农业与生态研究所领导、专家的支持，植保与栽培创新团队等多位同事参与了试验工作；试验过程中得到了济宁、临沂、东营等地市农科院和农技推广中心多位专家的帮助。本书试验研究和出版发行得到了国家重点研发计划“两减”专项“北方水稻化肥农药减施技术集成研究与示范（2018YFD0200200）”项目子课题“山东稻区农药减施增效技术集成与示范”和农业农村部农药登记试验单位药效试验项目的经费支持，在此一并表示衷心感谢。

由于著者水平有限，还有时间、人力以及资料等的限制，书中错误和不妥之处在所难免，恳请读者批评指正。科学技术飞速发展，各种技术、农药新产品不断更新，敬请读者提出宝贵意见，以便补充修订。

著　者

2023 年 10 月

目录

第一章

山东水稻生产现状

第一节　山东水稻生产地位

一、山东水稻在我国粮食生产中的地位

水稻（*Oryza sativa* L.）是世界上最重要的粮食作物，据联合国粮食及农业组织（FAO）统计，全世界超过50%的人口以稻米为主食，其中亚洲以稻米为主食的人口占95%。在中国，有超过65%的人口将稻米作为主食。我国是全球最大的稻谷生产国，水稻总产量占全世界水稻总量的30%。我国水稻常年种植面积约4.5亿亩[①]，稻谷总产量约2亿吨，总产量占中国粮食总产的40%以上。因此，保证水稻生产的安全与稳定，是国家粮食安全最为重要的任务。

根据我国水稻种植地域分布上的相似性和差异性，以地区生态条件、种植制度和稻种类型三者结合的方法，将全国划分为六个稻作区。一是华南稻区，包括广东、广西、福建、海南等；二是长江中游稻区，包括湖南、江西、湖北、河南等；三是长江下游稻区，包括江苏、浙江、安徽、上海等；四是西南稻区，包括四川、云南、贵州、重庆、陕西等；五是黄淮稻区，包括河北、天津、山东、宁夏等；六是北方稻区，包括黑龙江、辽宁、吉林、内蒙古等。

山东地处黄淮北部，光热资源充沛，夏季降雨集中，境内黄河横贯东西，京杭大运河纵贯南北，湖泊水库面积较大，自

---

① 1亩≈667平方米，1公顷=15亩，全书同。

然条件优越。山东稻作历史悠久，据龙山文化遗址的稻谷印痕考察，迄今有 4 000 多年的历史。山东水稻种植面积不大，自 2005 年以来种植面积稳定在 200 万亩左右，总产量 100 万吨左右。虽然并非水稻主产省份，但高产、优质是山东水稻生产的两大优势。山东粳米与东北大米相比，具有就地加工、就近销售的区域优势；与南方稻米相比具有产量优势和品质优势。山东水稻单产水平高，2005 年以来一直居全国前列，其中 2007—2009 年山东平均单产分别为 562.96 千克 / 亩、563.12 千克 / 亩、554.7 千克 / 亩，居全国第一位。2021 年、2022 年连续两年全省平均亩单产为 575 千克左右，均居全国第四位。山东是传统的优质米产区，曲阜的香稻米、章丘的明水大米都曾是有名的“贡米”。山东省农业科学院湿地农业与生态研究所（山东省水稻研究所）自主培育的一系列圣稻品种，稻米均达到国家一级米指标。山东具有优质粳米生产的良好自然环境和优良传统。粳稻直链淀粉低，适口性好，营养价值高。随着人民生活水平的提高，对稻米食味品质的要求也在发生变化。据统计，农村居民人均收入每提高 1%，粳米消费量增加 0.14%。粳米由于米质佳、口感好，在国内外市场很受消费者的欢迎。

二、山东水稻生产发展的特点

山东水稻产区主要集中在鲁南、鲁西南和沿黄等低洼易涝或盐碱地区，长期以来在山东不仅是高产高效特色粮食作物，而且是重要的生态、抗逆作物，在沿河、湖、库等涝洼盐碱地区的粮食生产中，发挥了不可替代的增产增效作用。科学合理地发展水稻，对山东的粮食增产、农民增收以及农村社会经济发展具有重要意义。

山东地处一季春稻向麦茬稻过渡区，生态类型特殊，水稻成熟季节昼夜温差较大，适合优质粳稻生产，种植的品种多数米质优良，例如香粳 9407、圣稻 14、圣稻 20、圣稻 2572 等品种的品质均达到国标一级，鲁香粳 2 号获得 1995 年第二届全国农业博览会银奖，圣稻 735 在 2015 年全国优良食味粳稻品评中荣获一等奖。

（一）山东水稻产业具有重要的防涝减灾作用

水稻主要分布在沿河、湖及涝洼地区，这些地区种植旱作物，易受洪涝盐碱危害，而种植水稻能够实现高产稳产，具有减灾抗逆的作用，具有区域不可替代性。特别是济宁滨湖地区，通过种植水稻，茅草地变为良田，不仅解决了吃饭问题，而且是一项重要的经济来源。在黄河三角洲，水稻则是荒碱地改造利用的先锋作物，随着国家战略“渤海粮仓”工程的实施，为深入贯彻落实习近平总书记关于开展盐碱地综合利用重要指示精神，该地区的水稻种植面积还将进一步扩大。水稻虽然没有较强的耐盐性，但是能够在盐碱地上种植，因其在生长发育过程中形成了适宜水层下生长的特性，能够存活于酸性或碱性土壤。水稻适宜的 pH 值范围为 5 ～ 7，大于 8 则生长不良。水稻在生长阶段耐盐情况是发芽期能够忍受 0.5% 的盐分；秧苗期能够忍受≤ 0.25% 的盐分；插秧期的抗盐力最弱，可以忍受≤ 0.1% 的盐分；返青后在 0.35% 的盐分，孕穗期在 0.75% 的盐分才能受害。在其他一些农作物不能生长的盐碱地上，只要水源充足且具有灌溉条件，一般都可以种植水稻，并且能够迅速使土壤脱盐改碱，因此，水稻是能有效改良盐碱土壤的先锋作物。

（二）山东水稻产业具有较高的经济效益

在我国稻谷的四大种类中，粳稻的单产比早、中、晚籼稻均高，虽然单位面积的总成本费用较高，但粳稻的千克成本不算高，而粳稻的出售价格比籼稻高出 30% 以上，所以粳稻的税后纯收益最高。由于对粳米消费需求的不断增加，粳稻的比较效益不断提高。山东种植的水稻几乎全部为粳稻，稻米的商品化率达 90% 以上，其中销往外省的稻米占 60% 以上，同时稻草、稻壳均可综合利用，种植水稻的效益高于其他粮食作物，因此水稻在山东是一种高产高效的经济作物。亩产值 1 800 ～ 2 000 元，亩纯利润 600 ～ 700 元，年产值 36 亿～ 40 亿元。山东稻区农民以面食为主，稻米的商品化率达 90% 以上，具有较高的经济效益。

（三）山东稻田具有重要的生态湿地功能

研究表明，农田生态系统能在一定程度上净化空气、保持水土、涵养水源、消纳废物、改善区域小气候，并且农田土壤具有不可低估的固碳作用。农田生态系统的生物多样性功能也与人类的生产生活有着密切关系。就调节气候这一生态功能而言，一亩稻田的降温效果，相当于 100 台 5 匹的空调；就生物多样性来说，农田是连接城市与自然生态系统之间的缓冲区和隔离带，既可以隔离和缓解城市生活对自然环境的破坏，又可在一定程度上扩大自然生态系统中生物移动和栖息的空间。此外，水稻田还是容量惊人的大水库。在山东，水稻生长期与夏季汛期同步，这使得稻田成了最佳的蓄洪池。暴雨倾盆时，稻田可维持 15 厘米的水层，比起旱地，每公顷稻田多蓄水 1 500

立方米。稻田既能调节洪涝，又能藏水于土，减缓因地下水开采引发的地面沉降。

三、水稻生长发育阶段的简单划分及常发病虫草害

水稻的一个生长周期是指从种子萌发到新的种子形成，需经历出苗、分蘖、拔节、穗分化、孕穗、抽穗、成熟等生育时期。根据水稻的形态特征、生理特点等，可将水稻的一生分为营养生长和生殖生长两个阶段。营养生长阶段是指从种子萌发到幼穗开始分化以前的一段生长时期；生殖生长阶段是指从幼穗开始分化到成熟收获的生长期。栽培学上将水稻生育阶段划分为幼苗期、分蘖期（有效分蘖期和无效分蘖期）、拔节长穗期、抽穗扬花期和灌浆结实期。

山东稻区有直播和移栽两种栽培方式，直播稻的全生育期都在大田，移栽稻的幼苗期包括秧田期和大田的活棵返青期。根据山东水稻的生产实践，结合栽培管理过程以及病虫草害防治适期等特点，简单地将水稻的生育期划分为前、中、后 3 个时期。生育前期（5 月中旬至 7 月上旬）是指从种子萌发到分蘖前，生育中期（7 月中上旬到 8 月中旬）是指从分蘖至孕穗前，生育后期（8 月中旬到 10 月中下旬）指孕穗至成熟收获。不同的品种由于生育期不同，在大田中的具体生长进程又有所差异。

根据近年来的田间调查，山东水稻各生育期需要关注和防控的主要病虫草害有所不同。生育前期需重点观察和防控稻瘟病、恶苗病、烂秧病、稻飞虱、禾本科杂草等；生育中期需重点观察和防控纹枯病、稻瘟病、螟虫、稻纵卷叶螟、稻苞虫、禾本科杂草、阔叶杂草、莎草等；生育后期需重点观察和防控稻瘟病、稻曲病、螟虫、稻纵卷叶螟、稻苞虫、稻飞虱等。

第二节　山东水稻生态分区及生产概况

山东水稻主要沿河、湖及涝洼地分布，按照水源和地域分布可划分为济宁滨湖稻区、临沂库灌稻区及沿黄稻区，其中济宁、临沂占全省水稻播种面积的 80% 以上，为稻麦两熟制麦茬稻；黄河三角洲滨海盐碱地区为一季春稻，占 15%，主要集中在东营；旱稻零星种植。此外，还有其他零星稻田分布在潍坊、青岛地区，总共面积在 0.67 万公顷以内，大多引库水灌溉。

一、济宁滨湖稻区

济宁滨湖稻区属于暖温带季风型大陆性气候，四季分明，冷热、干湿季区别明显。包括济宁市郊、鱼台、嘉祥、微山及枣庄的台儿庄、滕州等地。本区濒临南四湖，常年种植面积约 6.50 万公顷，最大年份 9.21 万公顷（1972 年）。稻改初期为一季春稻，20 世纪 70 年代后期实行稻麦轮作。沿湖四周地势低洼，种植旱作物易遭受涝灾，风险较大，种植水稻实现了高产稳产。随着南水北调工程的建成运行，水稻面积有望进一步增加。山东以济宁滨湖稻区单产最高，平均 600 ～ 650 千克 / 亩，2021 年单产为 649.3 千克 / 亩，居山东各市之首。

滨湖稻区生产的谷米味美，备受省内外消费者的喜爱，因而成为我国北方优质米生产基地。特别是鱼台，因水资源丰富，产出的大米无化学物质污染，外观颗粒饱满，晶莹透亮，米饭清香诱人，软黏适中并富有弹性，适口性好，富含蛋白质、粗脂肪、赖氨酸、钙、铁与维生素等多种人体所需要的营养成分，属天然绿色食品，深受消费者的喜爱，具有很强的市场竞争优势，畅销北京、天津、上海、山西、内蒙古、河北、辽宁、吉林、黑龙江等地，在国内享有盛誉。1985 年，鱼农 1 号大米被评为省优产品，在 6 个获奖的省优大米中名列第一，随后又获农牧渔业部优质农产品称号。2008 年 12 月“鱼台大米”被国家质监总局认定为中国地理标志产品。2009 年 12 月“鱼台大米”证明商标在国家工商总局商标局成功注册。鱼台大米极佳的品质蜚声全国，其外销量也随之逐年上升。济宁市委、市政府高度重视农业品牌建设，于 2018 年 9 月发布了“济宁礼飨”农产品区域公用品牌，2019 年 2 月召开了品牌运营启动仪式。“鱼台大米”和“运河岸大米”成为“济宁礼飨”名录的优质大米品牌。

济宁滨湖稻区的种植模式为稻麦轮作。水稻栽培管理方式有人工插秧、机械插秧、直播稻等。发生较严重的病虫草害主要有穗颈瘟、稻飞虱、稻纵卷叶螟、稗草、千金子、马唐、牛筋草、莎草、鳢肠等。使用农药防控的成本每亩为 80 元左右。

二、临沂库灌稻区

临沂库灌稻区包括临沂市郊、郯城、莒县、莒南、沂南及日照市郊等地。主要实行稻麦轮作，常年稻作面积 4 万公顷左右，最大年份 9.68 万公顷（1966 年）。本稻区地势北高南低，临沂以南地势平坦，雨量充沛。区内有沂河、沭河纵贯南北，通过兴建水库，塘坝蓄水，库容水量达 30 多亿立方米，为本区发展水稻奠定了基础。近年来单产在 600 千克 / 亩左右，2021 年单产为 627.1 千克 / 亩，是山东又一稻麦高产区。

临沂地处鲁东南，稻作历史悠久。临沂境内水资源丰富，光照充足，雨热同步，水稻全生育期积温 3 500℃，平均降水量 620 毫米，总日照时数 1 050 小时，日均 74 小时，太阳总辐射量 2 385 千焦，能充分保证中熟中粳水稻品种对温光水的需求。临沂有肥沃的砂姜黑土、黑潮土和纯天然无污染的丰富库水，使得临沂自古以来就是生产优质稻米的好地方。春秋“琅琊之稻”、唐代“塘崖贡米”已闻名于世上千年，是山东水稻重点生产区之一，在全省水稻生产中处于举足轻重的地位。“太平大米”已成为国家地理标志（证明）商标，系北方粳型米，品质极佳。“太平大米”出糙米率 83% 以上，出精米率 74% 以上，外观品质好，米粒圆润饱满，色泽呈半透明或近似透明状，光滑油亮。米质坚细，耐蒸煮，蒸煮时有浓郁馨香味。食味好，饭粒完整，软而不糊，剩饭不硬而有弹性，再煮时仍保持原来风味。营养品质好，经检验，米粒含直链淀粉 18% 左右，蛋白质含量 9% ～ 10%，“太平大米”种植区域绿水环绕、土壤肥沃，种植采用新技术，无农药残留，完全符合国家粮食卫生标准。

临沂稻区主要病虫害有稻瘟病、恶苗病、稻曲病、纹枯病、条纹叶枯病、黑条矮缩病等。2005—2008 年水稻条纹叶枯病发病严重，2010—2012 年黑条矮缩病频发。近几年随着灰飞虱带毒率变化及抗病品种的推广，条纹叶枯病危害减轻。2014—2016 年稻瘟病在某些品种上发生比较普遍且较重，发病严重地块减产 50% ～ 60%，发病较轻地块减产 10% ～ 20%。原因是 8 月底至 9 月上旬水稻抽穗扬花期遭遇较长时间的低温阴雨天气。纹枯病发生普遍，群体密度大，施肥偏多，田间排水不畅易发病；稻曲病在部分高肥水地块发生较重；恶苗病在未进行种子处理或种子处理较差的地块易发病。主要虫害有稻飞虱、稻蓟马、稻纵卷叶螟、二化螟等，一般通过加强预防，及时施药，即可取得较好的防治效果。近年来，杂草稻（又名自生稻）在临沂郯城、罗庄、河东等稻区一些稻田发生严重。

三、沿黄稻区

沿黄稻区包括东营、滨州、济南、菏泽的沿黄区域。黄河过境全长 375 千米，沿黄背堤盐碱洼地约 18 万公顷，常年稻作面积 3.5 万公顷左右，1972 年曾达 6.6 万公顷。该区光照充足，雨热同步，昼夜温差大，有利于营养物质的积累，发展优质米的条件优越。本区气候条件和耕作制度差异较大。东营和滨州年平均气温较低，以一季春稻为主；济南多为麦茬稻；菏泽气候和种植制度与鲁南相似，多为麦茬稻。

东营和滨州地处黄河三角洲，黄河三角洲地区拥有未利用地近 53.3 万公顷，且集中连片分布，黄河冲积年均造地约 1 000 公顷，土地资源优势突出。1989 年被列为农业综合开发试验区，1990 年稻田面积增加到 5.18 万公顷。2009 年，国家启动黄河三角洲高效生态经济区发展规划，提出发展高效生态农业，水稻发展面临新的机遇。闻名遐迩的“黄河口大米”就产自山东的黄河三角洲地区，主要是东营和滨州。东营是黄河三角洲中心城市，位于黄河尾闾，渤海湾畔，处在入海口却具有大陆性气候，秋季光热充足，昼夜温差适宜；广阔的黄色息壤，虽然含盐量较高，但钾含量丰富；全年 10℃以上有效积温 4 300℃，是一季稻区积温最长的地区，引黄河水种稻的比较优势明显。东营人少地多，土壤盐渍化较重，部分土地已改造成耕地，还有部分土地荒芜，一些中重度盐碱地只有种植水稻才能实现稳产、高产。近年来东营水稻面积最高达 35 万亩，水稻单产在 400 千克 / 亩左右，2021 年单产为 379.5 千克 / 亩。东营水稻主要病害有稻瘟病、恶苗病、茎基腐病、纹枯病等；主要害虫为红线虫、稻水象甲、稻纵卷叶螟、二化螟等；稻田主要杂草有禾本科杂草（稗草、千金子等）、莎草科杂草（莎草、藨草、牛毛毡等）、阔叶杂草（鳢肠、鸭舌草、节节菜等）。

水稻是济南传统种植作物，常年种植面积约 1.33 万公顷，主要分布在济阳、章丘、历城、槐荫等地的沿黄区域，习惯上称为“黄河大米”。对“泉城”来说，引灌黄河水、截蓄自然降水，可以补充地下水，对于保泉和城市防洪具有重要意义。同时，水稻生长季节中的湿地效应，利于调节城市小气候，减少浮尘净化空气，具有重要的生态功能。近年来济南水稻单产在 500 千克 / 亩左右，2021 年单产为 518.1 千克 / 亩。济南水稻种植模式同济宁、临沂相近，稻田主要病虫草害有恶苗病、稻瘟病、胡麻叶斑病、稻飞虱、稻纵卷叶螟、稗草、千金子、马唐等。

第三节　山东水稻植保工作面临的问题

一、病虫草害发生整体呈加重态势

近年来，山东灾害性天气频发，突发性病虫草危害加重，高温、冷害、干旱、弱光、盐碱等影响水稻稳产丰产的逆境因素增多。山东及黄淮区自 20 世纪末以来，发生了两次大范围的稻瘟病危害。2000 年起条纹叶枯病发生危害，4 ～ 5 年时间发病面积约占山东水稻面积的 30%，直接减产 20% ～ 50%。2005 年以来，鲁南稻区稻飞虱持续大发生，造成条纹叶枯病及黑条矮缩病先后大暴发，导致重大产量损失。2009 年起黑条矮缩病开始发生，2011 年大发生，部分地块绝产，造成了严重损失。2013 年水稻抽穗扬花期异常高温，造成水稻结实率下降，减产损失较大。2014—2015 年，水稻稻瘟病发病率增高，造成严重损失，部分田块颗粒无收；纹枯病发生面积、发病率逐年增加，暴发风险较大；稻曲病、细菌性基腐病发病也在加重。近几年，病虫草的发生都有不同程度的加重趋势。穗期多雨的年份，稻曲病发生普遍；二化螟发生危害严重，2020 年东营稻田的白穗率最高达 40%；杂草发生的种类和密度都有增加，防控难度加大。

种植结构调整与肥水管理变化有利于病虫草害发生。密植、高化肥尤其是偏施氮肥等高产栽培措施；一家一户承包制，播栽时期、品种不一，田间管理水平不高，形成大量桥梁田等有利于病虫害发生，造成害虫世代重叠，需药量加大。免耕技术提高了越冬虫源的存活率；机械收割留置田间的稻桩较高，增加了螟虫类钻蛀性害虫越冬虫源基数，如东营水稻收割后，稻桩留置到第二年 4 月耕地泡田，可能是造成二化螟发生重的原因之一。秸秆还田技术的推广造成土壤透气性差，病害发生严重。

二、农药的不合理使用

病虫草危害严重影响水稻产量和品质，2010—2020 年，我国水稻五大产区因主要病虫害造成的年均产量损失达 349 万吨。喷施农药是控制病虫危害的主要手段，但化学农药大量不合理使用带来的病虫抗药性、农药残留、环境污染等问题日趋严峻。山东由于水稻面积不大，病虫草害的防控技术单一，过分依赖化学农药。稻农在使用农药时，存在农药选用不合理、随意增加农药施药频次、增加用药量的问题。

农药不合理混用非常普遍，国内农药有效成分只有几百个，农药制剂却有上万个，加上混配剂等，同一个有效成分商品名可能几十个甚至上百个。农药品种繁多、名称混乱、良莠不齐。销售商为追求销售量和利益，不负责任地劝诱稻农将多种农药混用，多的一次混用达 5 ～ 6 种药剂，这样不但不能提高防效、扩大防治对象，还有可能降低效果，增加中毒危险。

化学农药的过量使用带来诸多不良影响，一是病虫草产生抗药性，引起再度猖獗危害；二是严重污染环境，使农产品农药残留超标，影响农产品出口品质；三是使病虫害防控风险加大；四是农药中毒事件频繁发生，影响人、畜健康；五是导致水稻生产成本居高不下，而且造成水源和土壤的严重污染，破坏了农田生态环境，降低了水稻生产可持续性。同时，过量施用化学品也显著降低了稻米品质，加大了食品安全风险。

三、病虫草害专业化防控水平亟待提高

病虫草害防控是一项技术性很强的工作。病虫草害什么时候发生、如何流行、怎样识别、怎样做好预测预报、如何根据测报选择合适的药剂和施药方式，是有很多技术要求的，掌握的好坏直接影响防治效果。由于稻农意识观念上的原因以及客观条件的限制，对通过包括品种抗性、耕作栽培方法、肥水管理、物理防控和生物防控等技术在内的综合防控技术的推广应用不够，一提到病虫草害防控就是施药防治。再加上目前还是以一家一户为主的分散防治模式，水稻病虫草害的专业化防控水平较低。农民主要用传统的化学农药控制病虫害，用药量大、用药品种不具有针对性，给生态环境和产品质量安全带来隐患。

稻农在水稻病虫草害防控方面存在两种思想误区，第一个误区是看到病虫发生再防治，但由于病害是由于病原微生物引起，微生物用肉眼无法看到，且病原侵染后有一个潜伏期，在发生初期往往不易察觉，如纹枯病发生在稻株基部，稻曲病由真菌引起，条纹叶枯病是由灰飞虱传毒引起的病毒病，有一定的潜伏期，稻农不了解其发病机制，一旦发现症状再施药防治已经来不及了。第二个误区是过度防控，一些稻农认为稻田应该完全没杂草，为了提高防效，过度加大除草剂用量。比如每亩用 10 毫升的除草剂可以达到 90% 的防效，但稻农为了达到 100% 的防效而使用 20 毫升的除草剂。10% 的残余杂草几乎不影响水稻产量，但多用的 10 毫升的除草剂，虽然稻田无杂草，但水稻也受到了一定影响，浪费药费的同时还加快了杂草抗性的产生。

植保机械化水平不高，目前机械化植保主要依靠自走式喷药机和植保无人机两种装备，自走式喷药机存在进地困难、毁坏秧苗等问题；植保无人机因其用水量少，喷施农药浓度高，喷雾易飘移，存在潜在的应用风险。

长期以来，由于科技经费投入偏少，山东水稻病虫害防控基础研究方面较为薄弱，对重要水稻病虫害的发生规律、灾变机制与防控等缺乏系统深入的研究。山东从事水稻产业的科研人员和技术推广人员严重不足，基层乡镇技术推广体系不健全，专业技术人员缺乏，科技成果的转化率较低，资源的综合研发能力不强。

第二章

山东水稻主要病虫草害发生与防控

第一节　山东水稻主要病害发生与防控

一、稻瘟病

稻瘟病，又名稻热病、叩头瘟等，是由子囊菌（有性世代为 *Magnaporthe grisea*，无性世代为 *Pyriculria grisea*）引起的一种真菌病害。稻瘟病在水稻整个生育期都可发生，危害秧苗、叶片、穗、节等，分别称为苗瘟、叶瘟、节瘟、枝梗瘟、穗颈瘟、谷粒瘟。

稻瘟病分布遍及世界稻区，是稻作生产中的主要病害之一，其中以亚洲、非洲稻区发病为重。在中国地区一般山区重于平原，粳、糯稻重于籼稻，除华南稻区早稻重于晚稻外，其他稻区晚稻重于早稻。流行年份，一般减产 10% ～ 20%，重的达 40% ～ 50%，局部田块甚至颗粒无收。2020 年 9 月 15 日，稻瘟病被我国农业农村部列入《一类农作物病虫害名录》。

1. 发病条件

稻瘟病的发生，菌源是先决条件。其流行则受气候、品种、栽培等因素影响。气候条件对病菌的繁殖和稻株的抗病力均有影响。温湿度既影响病菌孢子的形成和侵染，也影响寄主的抗病性，特别是阴雨连绵，日照不足，稻株同化作用缓慢，呼吸量减少，使组织柔嫩，抗病力降低，就易发病，相反，病害的发生、发展便会受到抑制。

气候因素中主要有温度和湿度两个因素。温度超过 30℃以上，发病受到抑制。气温在 25℃左右，则有利于病菌的繁殖和侵染。当抽穗期日平均温度 20℃以下并延续一星期左右，或日平均温度 17℃以下延续 3 天，水稻生育失调，抗病力降低，发病严重，故晚稻期间的突然降温常会加重稻瘟的发生。一般平均相对湿度在 90% 以上甚至饱和时，则有利于稻瘟病大发生。湿度的大小与阴雨有密切关系。阴雨天多而又持续不断，或雾多露浓，有利于孢子的形成、萌发，侵入率高、潜育期短、病斑出现早，而且降低了稻株的抗病性，发病重。

栽培技术既影响水稻抗病力，也关系病菌生长发育的田间小气候。栽培技术的影响因素中主要有肥料、灌溉和土壤。肥料中以氮肥对发病的影响最大。氮肥施用期过迟或过量，稻体内淀粉含量低，游离氨基酸增加，引起植株贪青徒长，硅化细胞少，株间通风透光差，有利于病菌的侵染和繁殖，同时分蘖期延长，无效分蘖多，抽穗迟而不整齐，容易增加感病机会，加重发病程度。钾肥和磷肥，可提高稻体内钾、氮比值，并使氮的代谢正常，减少可溶性氮化物的含量，茎秆内纤维素增加，组织坚硬，可提高稻株抗病力，但如氮肥过量时，增施磷、钾肥，不但没有抑制发病的作用，反而加重病害的发生。分蘖前期浅水勤灌，分蘖盛期适时排水搁田或烤田，抽穗后湿润灌溉，可控制土壤中氮肥的供应，增加土壤通透性，促进根系发达，使稻株生长健壮，增强抗病力。长期深灌以及山区引用泉水灌溉，由于水温低，灌溉后的土温往往较正常的低，水稻根部发育差，吸收养分能力减弱，抗病力低，加重发病。孕穗和抽穗期缺水或烤田过度，也易诱发穗瘟。有机质丰富的土壤，如东北地区的草炭土，在春季冷凉时，有机物分解慢，至夏季高温分解快，大量释放出的氮素被稻株吸收，造成贪青徒长，使抗病力降低，加重发病。宁夏的黄黏土地带，地下水位高，土质黏重，排水不良，有机质在嫌气状态下分解，往往产生毒质，伤害根部，降低稻株抗病力，也易感病。再如广东山区和丘陵区的沙质土，肥效释放快，易造成一时肥分过于集中，稻株生长柔嫩，也易感病。

2. 发病特点

山东稻区稻瘟病主要是秧苗 4 叶期以后的苗叶瘟和抽穗期的穗颈瘟。苗叶瘟（附图 2–1）典型症状是病斑呈梭形，两端常有沿叶脉延伸的褐色坏死线，边缘褐色，中间灰白色，外围有黄色晕圈。潮湿时背面常有灰绿色霉层。叶上病斑多时，可连接形成不规则大斑，发病重的叶片枯死。穗颈瘟（附图 2–2）发生于穗颈部和小枝梗上，穗颈和枝梗感病后初期为暗褐色，后变黑褐色，湿度大时产生灰色霉层，发病早而重的穗枯死呈白穗，发病晚的穗，秕谷多，米质差、产量下降。

3. 分级标准

苗叶瘟（以株为单位）：

0 级：无病；

1 级：每株病斑 2 个以下；

3 级：每株病斑 3 ～ 5 个；

5 级：每株病斑 6 ～ 8 个；

7 级：每株病斑 9 个以上；

9 级：病斑布满，叶片枯萎。

苗叶瘟（以叶片为单位）：

0 级：无病；

1 级：叶片病斑少于 5 个，长度小于 1 厘米；

3 级：叶片病斑 6 ～ 10 个，部分病斑长度大于 1 厘米；

5 级：叶片病斑 11 ～ 25 个，部分病斑连成片，占叶面积

10% ～ 25%；

7 级：叶片病斑 26 个以上，病斑连成片，占叶面积 26% ～ 50%；

9 级：病斑连成片，占叶面积 50% 以上或全部枯死。

穗颈瘟（以穗为单位）：

0 级：无病；

1 级：每穗损失 5% 以下（个别枝梗发病）；

3 级：每穗损失 6% ～ 20%（1/3 左右枝梗发病）；

5 级：每穗损失 21% ～ 50%（穗颈或主轴发病，谷粒半瘪）；

7 级：每穗损失 51% ～ 70%（穗颈发病，大部瘪谷）；

9 级：每穗损失 71% ～ 100%（穗颈发病，造成白穗）。

4. 防控措施

稻瘟病的防治方法主要有选用抗病品种，培育优质秧苗、加强肥水管理技术措施、加强田间管理、落实防治措施、化学药剂控制等。在稻瘟病流行以后，要切实掌握稻瘟病的发病症状、发病规律和发病原因，结合种植情况，采取科学可行的稻瘟病防治技术措施，树立起良好的预防理念，降低稻瘟病发生的可能性，避免给稻谷产量和质量造成损失。

田间使用的常规防控药剂有三环唑、稻瘟灵、多菌灵等。药剂浸种可减少初侵染源。苗叶瘟在发病初期用药，本田从分蘖期开始，如发现发病中心或叶片上有急性病斑，应立即施药防治。穗颈瘟要着重在抽穗期进行预防保护，孕穗后期（始穗期）至齐穗期是防治适期，用药 2 ～ 3 次，间隔期为 7 ～ 10 天。

二、纹枯病

水稻纹枯病，又名云纹病、花脚秆，病原有性态为瓜亡革菌（*Thanatephorus cucumeris*），属担子菌亚门真菌；无性态为立枯丝核菌（*Rhizoctonia solani*），属半知菌亚门真菌。水稻纹枯病从苗期至穗期均可发生，是一种严重威胁水稻高质、高产的病害之一。

水稻纹枯病在中国稻区主要分布在浙江、江苏、福建、广东、广西、湖南、湖北、台湾等地。在华中、华南、西南、华北四大稻区，水稻纹枯病是头号病害。据统计，我国水稻纹枯病年发病面积达 1 300 万公顷，一般减产在 10% ～ 20%，严重时达到 50%。

1. 发病条件

水稻纹枯病是高温高湿型病害，适宜范围内，湿度越大，发病越重。气温 18 ～ 34℃都可发病，以 22 ～ 28℃最适；田间小气候相对湿度为 80% 时，病害受到抑制，71% 以下时病害停止发展，因此，夏、秋气温偏高，雨水偏多，有利于病害的发生和发展。

目前并未培育出对水稻纹枯病的高抗或免疫品种。抗病能力籼稻强于粳稻和糯稻，窄叶高秆型强于宽叶矮秆型。水稻的生长周期和纹枯病的发生流行存在一定关联。一般在分蘖盛期开始发生，拔节期病情发展加快，孕穗期前后是发病高峰，乳熟期病情下降。

水稻纹枯病的发生和强弱主要由在田间越冬的菌源数量的多少所决定。在新开垦的水稻种植田里，发病十分轻微甚至不发病，对水稻的安全生产不会构成威胁。而在以往的重病田里则发病重。田间菌源量与发病初期轻重有密切关系，历年重病区、老稻区、田间越冬菌核量大时，易导致初期发病较多。

稻田的栽培和肥水管理影响水稻纹枯病的发生程度。水稻栽插密度过大导致通风透光差，长期过度深灌导致湿度增加，氮肥的单一施用和连年重茬种植均有利于水稻纹枯病的发生。

2. 发病特点

山东各稻区均有纹枯病发生，主要危害叶鞘、叶片，严重时可侵入茎秆并蔓延至穗部（附图 2–3）。发病初期，先在近水面的叶鞘上发生椭圆形暗绿色的水渍状病斑，以后逐渐扩大成云纹状，中部灰白色，潮湿时变为灰绿色，中部组织破坏呈半透明状，边缘暗褐。发病严重时数个病斑融合形成大病斑，呈不规则状云纹斑，常致叶片发黄枯死。叶片染病病斑也呈云纹状，边缘褪黄，发病快时病斑呈污绿色，叶片很快腐烂，茎秆受害症状似叶片，后期呈黄褐色，易折。穗颈部受害初为污绿色，后变灰褐色，常不能抽穗，抽穗的秕谷较多，千粒重下降。湿度大时，病部长出白色网状菌丝，后汇聚成白色菌丝团，形成菌核，菌核初为乳白色，后期变为黄褐色或暗褐色，扁球形或不规则形，易脱落。高温条件下病斑上产生一层白色粉霉层即病菌的担子和担孢子。

3. 分级标准

0 级：全株无病；

1 级：第四叶片及其以下各叶鞘、叶片发病（以剑叶为第一片叶）；

3 级：第三叶片及其以下各叶鞘、叶片发病；

5 级：第二叶片及其以下各叶鞘、叶片发病；

7 级：剑叶叶片及其以下各叶鞘、叶片发病；

9 级：全株发病，提早枯死。

4. 防控措施

适当的农业措施，如栽培管理、清除病原菌是减轻水稻纹枯病早期发生的有效手段。首先要打捞漂浮在水面上的菌并打包带出田外，以减轻水稻纹枯病的初始发病率。其次要科学种植秧苗，保持植株间的通风透光性，适时烤田，避免田间相对湿度过高。要施加足量的底肥，多用有机肥，在水稻各个发育时期合理科学施肥，不能偏施氮肥，注意施加钾肥和磷肥，施肥时间不宜过晚。

市场上防治水稻纹枯病的杀菌农药很多，井冈霉素、苯醚甲环唑、丙环唑、己唑醇、戊唑醇等对水稻纹枯病有较好的防治效果。纹枯病防治适期在分蘖末期至抽穗期，以孕穗至始穗期防治为好。一般分蘖末期丛发病率达 5% ～ 10%，孕穗期达 10% ～ 15% 时，应用药防治，遇高温、高湿天气要连防 2 次，间隔期为 7 ～ 10 天。

三、恶苗病

水稻恶苗病又称徒长病，是由无性态串珠镰孢菌（*Fusarium moniliforme* Sheld）、有性态藤仓赤霉菌（*Gibberella fujikuroi*）侵染引起的真菌病害，属半知菌亚门真菌。从秧苗至水稻抽穗均可发病。

水稻恶苗病在中国稻区分布广泛，该病暴发后，一般造成水稻减产 10% ～ 20%，严重时高达 50%。同时，藤仓赤霉菌所分泌的毒素也影响着水稻的食品安全。

1. 发病条件

带菌种子和病稻草是该病发生的初侵染源。病菌以分生孢子或菌丝体潜伏种子内越冬，浸种时带菌种子上的分生孢子污染无病种子而传染。严重的引起苗枯、死苗，产生分生孢子，传播到健苗花器上，侵入颖片和胚乳内，造成秕谷或畸形，在颖片合缝处产生淡红色粉霉。病菌侵入晚，谷粒虽不显症状，但菌丝已侵入内部使种子带菌。脱粒时与病种子混收，也会使健种子带菌。土温 30 ～ 50℃时易发病，伤口有利于病菌侵入，20℃以下或 40℃以上都不表现症状。因此，秧苗栽插过深、拔秧后过夜等有利于病菌侵染。旱育秧较水育秧发病重；增施氮肥刺激病害发展。施用未腐熟有机肥发病重。一般籼稻较粳稻发病重，糯稻发病轻，晚播发病重于早稻。

2. 发病特点

水稻恶苗病在山东各稻区均有发生（附图 2–4）。苗期发病与种子带菌有直接关系。病谷粒播后常不发芽或不能出土。苗期发病病苗比健苗细高，病苗一般高出健苗 1/3 左右，叶片叶鞘细长，叶色淡黄，明显较正常苗颜色淡。上部叶片张开角度大，地上部茎节上长出倒生根，根系发育不良，部分病苗在移栽前死亡。在枯死苗上有淡红或白色霉粉状物，即病原菌的分生孢子。本田发病节间明显伸长，节部常有弯曲露于叶鞘外，下部茎节逆生多数不定须根，分蘖少或不分蘖。剥开叶鞘，茎秆上有暗褐色条斑，剖开病茎可见白色蛛丝状菌丝，以后植株逐渐枯死。湿度大时，枯死病株表面长满淡褐色或白色粉霉状物，后期生黑色小点即病菌囊壳。病轻的提早抽穗，穗小而不实。抽穗期谷粒也可受害，严重的变褐，不能结实，颖壳夹缝处生淡红色霉，病轻不表现症状，但内部已有菌丝潜伏。

3. 防控措施

建立无病留种田、选栽抗病品种、进行种子处理是关键的防病措施。加强栽培管理，催芽不宜过长，拔秧要尽可能避免损根。做到“五不插”，即不插隔夜秧、不插老龄秧、不插深泥秧、不插烈日秧、不插冷水浸的秧。清除病残体，及时拔除病株并销毁，减少再侵染。

目前对水稻恶苗病的主要防治措施为使用杀菌剂进行浸种处理，咪鲜胺、多菌灵、咯菌腈、乙蒜素、嘧菌酯等为生产中主要使用的药剂。稻种在浸种处理前，最好在太阳下先晒种 1 ～ 2 天，可促进种子发芽和病菌萌动，以利杀菌。

4. 调查方法

在进行水稻恶苗病的发生危害情况调查时，先调查各不同处理的出苗期，当苗床上的水稻苗出齐时，调查各处理小区的出苗率；在秧苗移栽前按对角线 5 点取样调查，每点调查 100 株的病株率及其秧苗素质（包括株高、叶面积、根数、根长及百株鲜重或干重）。在大田抽穗前每小区随机 5 点取样，每点调查 20 丛，记录病株率。

四、胡麻叶斑病

水稻胡麻叶斑病又叫胡麻叶枯病，俗称饥饿病，该病是由稻平脐蠕孢（*Helminthosporium oryzae*）引起的真菌性病害，属半知菌类、长蠕孢属真菌。从苗期到收获期均可发病。

水稻胡麻叶斑病是世界性水稻病害，在各国稻区均有不同程度的发生。我国 2004 年、2008 年、2009 年、2010 年在广西邕宁、江苏连云港东海县、广西贺州昭平县、河北唐海县均有大面积发生的报道。

1. 发病条件

在病草和病谷上越冬的病菌，是第二年发病的初次侵染菌源。影响水稻胡麻叶斑病流行程度的气候因子主要是雨量、温度和光照。病菌生育适应的温湿度范围较广，但最适宜于适温、高湿、遮阴的条件。当湿度饱和、温度在 25 ～ 28℃时，4 小时就完成侵入过程，如再无强烈阳光直射，一昼夜即可出现病斑。

土壤肥力不同，病害发生程度也不相同。瘠薄缺肥的稻田发病重，尤其是缺乏钾肥更容易诱发病害。双季晚稻有时秧龄过长，为了控制移栽后秧苗生长速度，常减少施肥，这也容易诱发此病。一般酸性土、沙质土或黏土田发病重。在土壤黏性大而又排水不良的田、漏水田以及缺水、积水过多的田，水稻抗病力降低，发病也重。

不同品种的抗病性有一定差异，但同一品种在各地表现抗病性的强弱也不相同。同一品种在不同生育阶段抗病性也不一样。一般苗期易感病，分蘖期抗病性增强，分蘖末期以后抗病力又渐渐降低。穗颈部在抽穗至齐穗期的抗病性最强，随着灌浆成熟，其抗病性逐渐降低。这也是穗颈病受害发病较迟的原因。谷粒则以抽穗至齐穗期最易感病，随后抗病力又显著增强。

2. 发病特点

水稻胡麻叶斑病危害时间长，在山东稻区较常见，主要危害稻株地上部分，芽、叶、穗都可受害，发病最重部位为水稻叶片，其次是谷粒、穗颈和枝梗等（附图 2–5）。

水稻种子发芽不久，就会受害发病，芽鞘渐变褐黑色，严重时鞘叶尚未抽出，全芽枯死。苗叶和叶鞘上的病斑多数为椭圆形或近圆形，深褐色，有时病斑扩展相连就变成长条形。病情严重时，引起秧苗成片枯死；空气湿度大时，死苗上会生出黑色绒状霉层。成株叶片发病，初现褐色小点，继而逐渐扩大成椭圆形褐斑，如芝麻粒大小，外围环绕一黄色晕圈。用放大镜观察，褐斑呈轮纹状。后期病斑边缘呈深褐色，中央变为灰白色。病情严重的一片叶上可有百个以上病斑，且常愈合成不规则大斑块，终使叶片干枯。受害重的稻株，分蘖减少，抽穗推迟。叶鞘上病斑初呈椭圆形或长方形，水渍状，边缘淡褐色，中央暗褐色；渐变为不规则形的大斑，中心部灰褐色。穗颈受害病斑，呈暗褐色。变色部分色浅较长，可达 8 厘米左右。发生期较迟，会使颈部弯曲，影响谷粒饱满度。谷粒受害早晚产生的病斑不同。受害迟的，病斑形状、色泽与叶片上的相似，略小，边缘不明显。受害早的，病斑灰黑色，可扩展到全粒，造成秕粒。空气潮湿时，在内外颖合缝处及其附近，产生大量黑色绒状的霉层，并可扩展覆盖全粒。

3. 分级标准

0 级：无病；

1 级：病斑面积占整片叶面积的 1% 以下；

3 级：病斑面积占整片叶面积的 2% ～ 5%；

5 级：病斑面积占整片叶面积的 6% ～ 15%；

7 级：病斑面积占整片叶面积的 16% ～ 25%；

9 级：病斑面积占整片叶面积的 25% 以上，叶鞘一般枯死。

4. 防控措施

及时清理病稻草，减少或消灭菌源。稻种应从无病田选留，还须进行种子消毒，以尽可能杜绝传病。种子消毒可采用多菌灵、咪鲜胺等浸种。增施基肥，及时追肥，并做到氮、磷、钾肥适当配合。沙质土应多施腐熟堆肥作基肥，以增加土壤保肥力。酸性土要注意排水，增强通透性，还可适量施用石灰，以促进土内有机质分解。当稻叶因缺氮发黄时，要及时追施硫酸铵、人粪尿等速效肥。病田施用钾肥，可减轻病害。

在水稻易感病的阶段，密切注视病情发展，尽早喷药防治。稻瘟病常发区，可结合喷药防治稻瘟病进行。稻瘟净、多菌灵、甲基硫菌灵、春雷霉素等药剂，对水稻胡麻叶斑病的预防和治疗效果都比较好。

五、稻曲病

稻曲病又称伪黑穗病、绿黑穗病、谷花病、青粉病，俗称“丰产果”。稻曲病菌（*Ustilaginoidea oryzae=U.virens*），称稻绿核菌，属半知菌亚门真菌。稻曲病主要在水稻孕穗后期到抽穗扬花期感病。

稻曲病在世界水稻产区内均有分布。中国北方稻区的辽宁、河北，中国南方稻区的浙江、江苏、安徽、湖南、广东、广西、福建、台湾等发病普遍且严重，可造成水稻大幅减产，影响稻米的品质。同时，稻曲病病原菌产生大量对人、畜有害的真菌毒素，严重威胁粮食的安全生产。

1. 发病条件

稻曲病的发生与品种、气候条件及施肥等关系密切。水稻品种不同，感染和发病程度也不同，一般杂交稻发病重于常规稻，两系杂交稻水稻发病重于三系杂交水稻，中稻和晚稻发病重于早稻，粳稻发病重于籼稻。凡穗大粒多、密穗形的品种，晚播晚栽、晚熟品种发病重。

气温 24 ～ 32℃病菌发育良好，26 ～ 28℃最适，低于 12℃或高于 36℃不能生长。一般从幼穗形成至孕穗期，降水量多，湿度大（90% 以上），开花期间遇低温（20℃以下），又有适量降雨时，则有利病害流行。水稻抽穗期，如遇适温、多雨天气，则易发生此病。

施肥过多、生长嫩绿、晒田过迟的水稻易发此病。氮肥用量大，使水稻出穗后生长过于繁茂嫩绿，稻株抗病力减弱，尤其在后期施氮量偏多时发病重。淹水、串灌、漫灌是导致稻曲病传播的重要原因。

2. 发病特点

在山东滨湖稻区，稻曲病发生较严重，主要危害穗上部分谷粒，少则每穗 1 ～ 2 粒病粒，多则可有 10 多粒甚至几十粒（附图 2–6）。受害病粒菌丝在谷粒内形成菌丝块，逐渐膨大，形成比正常谷粒大 3 ～ 4 倍的菌块，颜色初为乳白色、黄色逐渐变为墨绿色。内外颖裂开，露出菌丝块，即孢子座，后包于内外颖两侧，呈黑绿色，初外包一层薄膜，最后孢子座表面龟裂，散生墨绿色粉状物，即病菌的厚垣孢子，有毒。孢子座表面可产生黑色、扁平、硬质的菌核，风吹雨打易脱落。

稻曲病病菌以落入土中菌核或附于种子上的厚垣孢子越冬。第二年 7—8 月菌核萌发产生厚垣孢子，由厚垣孢子再生小孢子及子囊孢子进行初侵染。孢子借助气流传播散落，在水稻破口期侵害花器和幼器，造成谷粒发病。

3. 分级标准

0 级：单穗健康，无稻曲球病粒；

1 级：单穗稻曲球病粒数 1 个；

3 级：单穗稻曲球病粒数 2 个；

5 级：单穗稻曲球病粒数 3 ～ 5 个；

7 级：单穗稻曲球病粒数 6 ～ 9 个；

9 级：单穗稻曲球病粒数 10 个及以上。

4. 防控措施

选用抗病品种，发病时摘除并销毁病粒。避免病田留种，深耕翻埋菌核，防止病菌的扩散与传播。同时要加强栽培管理，注意增施磷、钾肥，防止迟施、偏施氮肥；进行合理灌溉，增强水稻抗病力，防止倒伏，以减轻发病。

在水稻破口期施药预防，可选用井冈霉素、氟环唑、肟菌·戊唑醇等药剂，于水稻破口前7天和破口期各喷雾1次。抽穗后施用易发生药害，不宜使用。

第二节　山东水稻主要害虫发生与防控

一、稻飞虱

稻飞虱，属昆虫纲同翅目，飞虱科，俗名“火蠓虫、响虫”等。常见种类有褐飞虱（*Nilaparvata lugens*）、白背飞虱（*Sogatella furcifera*）和灰飞虱（*Laodelphax striatellus*）等，稻飞虱3种长翅型成虫均能长距离迁飞。褐飞虱在中国北方各稻区均有分布，长江流域及其以南地区危害严重。白背飞虱分布范围大体相同，在长江流域发生较多，危害仅次于褐飞虱。这两种飞虱还分布于日本、朝鲜、南亚次大陆和东南亚。灰飞虱以华北、华东和华中稻区发生较多，也见于日本、朝鲜，直接造成危害较小，但能传播稻、麦、玉米等作物的病毒病，有时可引起病毒病大流行。3种稻飞虱都喜在水稻上取食、繁殖。褐飞虱能在野生稻上发生，多认为是专食性害虫。除水稻外，白背飞虱和灰飞虱还取食小麦、高粱、玉米等其他作物。山东稻区以白背飞虱和灰飞虱危害为主（附图2–7），主要发生在水稻秧苗期、抽穗期至乳熟期。

1. 形态特征

褐飞虱成虫有长、短两种翅型。长翅型体长3.6～4.8毫米，短翅型体长2.5～4毫米。体色分为深色型和浅色型。深色型头与前胸背板、中胸背板均为褐色或黑褐色；浅色型全体黄褐色，仅胸部腹面和腹部背面较暗。卵呈香蕉状，产于叶鞘或叶片中脉组织中，卵出产时乳白色、半透明，后前端出现红色眼点，近孵化时淡黄色。卵块排列不整齐。若虫共5龄，体长1～3.2毫米。低龄若虫呈灰白色或淡黄色，高龄若虫有浅色型和深色型两种，浅色型灰白色，体上斑纹较模糊，深色型黄褐色，斑纹清晰。

白背飞虱成虫长翅型体长3.2～4.5毫米，雄虫浅黄色，有黑褐斑；雌虫体多黄白色，具浅褐斑。短翅型体长2.5～3.5毫米。卵新月形，卵块排列不整齐。若虫共5龄，老龄若虫灰白色，长约2.9毫米。

灰飞虱成虫长翅型体长3.3～4.0毫米，短翅型体长2.3～2.6毫米，浅黄褐色至灰褐色。卵香蕉形，初产时乳白色略透明，后期变浅黄色，双行排成块。若虫共5龄，老龄若虫体长2.7～3.0毫米，深灰褐色。

2. 发生特点

褐飞虱为远距离迁飞性害虫。在我国各地发生的代数，随纬度和年总积温、迁入时期、水稻栽培期而不同。我国广大稻区主要虫源随每年春、夏暖湿气流由南向北迁入和推进，每年约有5次大的迁飞，秋季则由北向南回迁。短翅型成虫属居留型，长翅型为迁移型。稻飞虱生长发育适温为20～30℃，26℃最适，相对湿度在80%以上。成、若虫喜阴湿环境，多栖息在距水面10厘米以内的稻株上。

白背飞虱为迁飞性害虫。山东年发生3～4代，迁入虫量是影响发生程度的重要基础，而决定种群发展的前提是食料和气候条件。白背飞虱对温度适应幅度较褐飞虱宽，能在

15～30℃下正常生存。要求相对湿度80%～90%。初夏多雨、盛夏长期干旱，易引起大发生，并经常在夏季的雨后出现，一般是5月底至6月初开始出现。

灰飞虱在我国各地均可越冬，山东年发生4～5代，1代若虫主要在麦田生活，5月下旬至6月中旬羽化，迁入水稻秧田、早栽本田和玉米田。2代成虫6月下旬至7月下旬羽化，大量迁入水稻本田繁殖危害。灰飞虱的发育温度稍低，适宜温度为15～28℃，最适温度为25℃左右，冬暖夏凉有利大发生。若虫栖息于稻丛基部离水面（或田面）3～6毫米处，在抽穗以后，也有不少若虫移到稻株的上部、中部和穗上。若虫的迁移性较弱，拔秧或收割后能暂栖田埂边杂草上，然后就近迁入作物田危害。

3. 危害特点

稻飞虱成虫和若虫均群集在稻丛下部茎秆上刺吸汁液，遇惊扰即跳落水面或逃离，以刺吸植株汁液危害水稻等作物，形成褐色伤痕、斑点，严重时造成稻株枯黄，使生长受阻，严重时稻丛成团枯萎，甚至全田死秆倒伏。另外，稻飞虱雌虫产卵时，用产卵器刺破叶鞘和叶片，破坏输导组织，易使稻株失水和感染菌核病，排泄物常招致霉菌滋生，影响水稻的光合作用和呼吸作用并传播病毒病。褐飞虱能传播水稻丛矮缩病和锯齿叶矮缩病；白背飞虱能传播水稻黑条矮缩病；灰飞虱能传播稻、麦条纹叶枯病，稻、麦、玉米黑条矮缩病，小麦丛矮病和玉米粗缩病等，病害流行时，损失更为严重。

4. 防控措施

充分利用国内外水稻品种抗性基因，培育抗飞虱丰产品种和多抗品种，因地制宜推广种植。对不同的品种或作物进行合理布局，避免稻飞虱辗转危害。同时要加强肥水管理，适时适量施肥和适时露田，避免长期浸水。在农业防治基础上科学用药，避免对天敌过量杀伤。

一般于秧田每亩 3 000 头、本田百丛 1 000 头时进行化学防治。常规用药有吡虫啉、噻虫嗪、吡蚜酮等。

二、稻蓟马

稻蓟马（*Stenchaetothrips biformis*）为缨翅目，蓟马科。北起黑龙江、内蒙古，南至广东、广西和云南，东至我国台湾，西达四川、贵州均有发生。寄主有水稻、小麦、玉米、粟、高粱、蚕豆、葱、烟草、甘蔗等。

1. 形态特征

稻蓟马体型微小，成虫体长 1.0 ～ 2.2 毫米，体黑褐色。卵肾状形，长约 0.26 毫米，初产时白色透明，后呈淡黄色。若虫共 4 龄，低龄虫近白色，高龄虫淡黄绿色至黄褐色（附图 2–8）。

2. 发生特点

稻蓟马在我国南方可终年繁殖危害，江淮稻区一年发生 10 ～ 14 代，以成虫在看麦娘、李氏禾、芒草、麦类及稻桩上越冬。3 月中旬，成虫开始活动，先在麦类及禾本科杂草上取食、繁殖，4 月下旬水稻秧苗露青后，成虫大量迁往稻秧上，在水稻秧田及分蘖期稻田危害、繁殖，至 7 月中旬后，气温升高，水稻圆秆拔节后，虫口数量急剧下降，大都转移到晚稻秧田危害，以后再转移到麦苗和禾本科杂草的心叶或叶鞘间生活，11 月底成虫进入越冬。成虫性活泼，迁移扩散能力强，水稻出苗后就侵入秧田。天气晴朗时，成虫白天多栖息于心叶及卷叶内，早晨和傍晚常在叶面爬动。雄虫罕见，主要营孤雌生殖。卵散产于叶面正面脉间的表皮下组织内，对着光可见产卵处为针尖大小的透明小点。秧苗 4 ～ 5 叶期卵量最多，多产于水稻分蘖期，圆秆拔节后卵量减少。初孵若虫多潜入未展开的心叶、叶鞘或卷叶内取食。自 2 龄起大部分群集在叶尖上危害，使叶尖纵卷枯黄。3 ～ 4 龄隐藏在卷缩枯黄的叶缘和叶尖内，不再取食，也不大活动，直至羽化。稻蓟马不耐高温，最适宜温度为 15 ～ 25℃，18℃时产卵最多，超过 28℃时，生长和繁殖即受抑制。在长江流域 6—7 月发生多，危害重，尤以此两月气温偏低的年份易大发生。在山东，也在 6—7 月的秧田和本田普遍发生。

3. 危害特点

稻蓟马成、若虫锉吸叶片，吸取汁液，轻者出现花白斑，重者使叶尖卷褶枯黄，受害严重者秧苗返青慢，萎缩不发。稻蓟马危害穗粒和花器，引起秄粒不实。若危害心叶，常引起叶片扭曲，叶鞘不能伸展，还破坏颖壳，形成空粒。

4. 防控措施

冬、春季清除杂草，特别是秧田附近的禾本科杂草越冬寄主，降低虫源基数。受害水稻生长势弱，适当的增施肥料可使水稻迅速恢复生长、减少损失。

一般在秧田卷叶率达 10% ～ 15% 或百株虫量 100 ～ 200 头，本田卷叶率 20% ～ 30% 或百株虫量 200 ～ 300 头，进行化学防治。重点防治秧田期，在移栽前 2 ～ 3 天用药一次，防止将秧田蓟马带入大田。常用药剂为吡虫啉、吡蚜酮等。

三、稻纵卷叶螟

稻纵卷叶螟（*Cnaphalocrocis medinalis*）属鳞翅目螟蛾科。

中国水稻产区的主要害虫之一，广泛分布于各稻区。除危害水稻外，还可取食大麦、小麦、甘蔗、粟等作物及稗、李氏禾、雀稗、双穗雀稗、马唐、狗尾草、蟋蟀草、茅草、芦苇等杂草。以幼虫危害水稻，缀叶成纵苞，躲藏其中取食上表皮及叶肉，仅留白色下表皮。苗期受害影响水稻正常生长，甚至枯死；分蘖期至拔节期受害，分蘖减少，植株缩短，生育期推迟；孕穗后特别是抽穗到齐穗期剑叶被害，影响开花结实，空壳率提高，千粒重下降。

1. 形态特征

稻纵卷叶螟成虫长 7 ～ 9 毫米，淡黄褐色，前翅有两条褐色横线，两线间有 1 条短线，外缘有暗褐色宽带；后翅有两条横线，外缘亦有宽带；雄蛾前翅前缘中部，有闪光而凹陷的“眼点”，雌蛾前翅则无“眼点”。卵长约 1 毫米，椭圆形，扁平而中部稍隆起，初产白色透明，近孵化时淡黄色，被寄生卵为黑色。幼虫共 5 龄，低龄幼虫绿色，后转黄绿色，成熟幼虫橘红色，幼虫老熟时长 14 ～ 19 毫米。幼虫老熟后经 1 ～ 2 天预蛹期吐丝结薄茧化蛹。蛹长 7 ～ 10 毫米，初黄色，后转褐色，长圆筒形。

2. 发生特点

稻纵卷叶螟是一种迁飞性害虫，广大稻区初次虫源均自南方迁来。山东年发生 2 ～ 3 代，各代的发生量、发生期与迁入蛾量的多少和迁入时间的早晚有关。一般 6 月下旬至 7 月中下旬发生第 1 代，虫量少。7 月中旬至 8 月中旬发生第 2 代，虫量大、危害重（附图 2–9）。8 月下旬发生第 3 代，并开始向南方回迁。

稻纵卷叶螟昼伏夜出，喜荫蔽和潮湿，且飞翔力量强。白天多隐藏在植株丛中，一遇惊动，即作短距离飞翔。成虫喜吸食植物的花蜜和蚜虫的蜜露作为补充营养，取食活动多在18—20时。成虫产卵不仅喜欢选择生长嫩绿、叶面积指数高的丰产田，而且喜欢在圆秆拔节期和幼穗分化期的稻田产卵，抽穗后稻叶上卵量较少；同一生育期的水稻，生长嫩绿田的落卵量比一般田高好几倍，甚至几十倍。产卵最适温度为26～28℃，每雌平均产卵100多粒，最多200～300粒。卵多单产，也有2～5粒产于一起，呈鱼鳞状排列。产卵部位多在植株中部、上部叶片背面，尤以倒2～3叶最多。气温22～28℃、相对湿度80%以上，卵孵化率可达80%～90%。幼虫共5龄，一般躲在苞内取食上表皮与叶肉。幼虫老熟多数离开老虫苞，在稻丛基部的黄叶或无效分蘖的嫩叶苞中化蛹，有的在稻丛间，少数在老虫苞中。

稻纵卷叶螟发生轻重与气候条件密切相关。适温高湿情况下，有利成虫产卵、孵化和幼虫成活。稻纵卷叶螟生长、发育和繁殖的适宜温度为22～28℃，适宜相对湿度80%以上。30℃以上或相对湿度70%以下，不利于它的活动、产卵和生存。在适温下，湿度和降水量是影响发生量的一个重要因素，雨量适当，成虫产卵率大为提高，产下的卵孵化率也较高；少雨干旱时，产卵率和孵化率显著降低。但雨量过大，特别在盛蛾期或盛孵期连续大雨，对成虫的活动、卵的附着和低龄幼虫的存活率都不利。因此，在多雨天气及多露水的高湿天气，有利于稻纵卷叶螟猖獗。

3. 危害特点

幼虫取食叶片上表皮与叶肉，仅留下白色下表皮及叶脉，虫苞上显现白斑。危害严重时，田间虫苞累累，甚至植株枯死，一片枯白。初孵幼虫大部分钻入心叶或嫩叶鞘内侧啃食；2 龄幼虫可将叶尖卷成小虫苞，然后叶丝纵卷稻叶形成新的虫苞，幼虫潜藏虫苞内啃食，此时称为束叶期；3 龄后开始转苞危害。幼虫一生食叶 5 ～ 6 片，多达 9 ～ 10 片，食量随虫龄增加而增大，1 ～ 3 龄食叶量仅在 10% 以内，第 4、5 龄幼虫食量猛增，其食叶量占总取食量 95% 左右，危害最大。

4. 防控措施

选用抗（耐）虫水稻品种，合理施肥，使水稻生长发育健壮，防止前期猛发旺长，后期贪青迟熟。科学管水，适当调节搁田时间，降低幼虫孵化期田间湿度，或在化蛹高峰期灌深水 2 ～ 3 天，杀死虫蛹。

提高自然控制能力，稻纵卷叶螟天敌种类达 80 余种，各虫期均有天敌寄生或捕食，保护利用好天敌资源，可大大提高天敌对稻纵卷叶螟的控制作用。寄生蜂主要有稻螟赤眼蜂、拟澳洲赤眼蜂、纵卷叶螟绒茧蜂等，捕食性天敌有步甲、隐翅虫、瓢虫、蜘蛛等，均对稻纵卷叶螟有重要的抑制作用。

根据水稻分蘖期和穗期易受稻纵卷叶螟危害，尤其是穗期损失更大的特点，药剂防治的策略是应狠治穗期受害代，不放松分蘖期危害严重代别的原则。一般分蘖期的防治指标较宽，为百丛 40 头，穗期稍窄，为百丛 20 头。在稻纵卷叶螟发生量超过防治指标时施药防治，药剂常选用氯虫苯甲酰胺（康宽）、阿维菌素、甲维盐等。

四、二化螟

二化螟（*Chilo suppressalis*）属鳞翅目螟蛾科，俗名钻心虫、蛀心虫、蛀秆虫等，是我国水稻上危害最为严重的常发性害虫之一，在分蘖期受害造成枯鞘、枯心苗，在穗期受害造成虫伤株和白穗（附图 2-10），一般年份减产 3% ～ 5%，严重时减产在 3 成以上。国内各稻区均有分布，较三化螟和大螟分布广，但主要以长江流域及以南稻区发生较重，东北稻区也有发生，近年来发生数量呈明显上升的态势。二化螟除危害水稻外，还能危害茭白、玉米、高粱、甘蔗、油菜、蚕豆、麦类以及芦苇、稗、李氏禾等杂草。

1. 形态特征

成虫体长 10 ～ 15 毫米，翅展 20 ～ 31 毫米。雌蛾前翅近长方形，灰黄色至淡褐色，外缘有 7 个小黑点；雄蛾体稍小，翅色较深，中央有 3 个紫黑色斑，斜行排列。后翅白色。卵扁椭圆形，排列成长方形鱼鳞状卵块，上盖透明胶质。幼虫通常 6 龄，也有 5 龄和 7 龄。2 龄以上幼虫腹部背面有暗褐色纵线 5 条，两侧最外缘的纵线（侧线）为横贯气门的气门线，头部淡红褐色或淡褐色。老熟时体长 20 ～ 30 毫米，头淡褐色，体灰白色。蛹多在受害茎秆内（部分在叶鞘内侧），被薄茧，具羽化孔，初期淡黄色，背部可见 5 条棕色纵线，后变为红褐色，纵纹消失，蛹额中部凸起，腹末略呈方形，有 8 个突起。

2. 发生特点

山东年发生 2 代，多以 4 ～ 6 龄幼虫在稻草、稻桩及其他寄主植物根茎、茎秆中越冬。越冬幼虫在春季化蛹羽化，未成熟的幼虫春季还可以取食田间及周边绿肥、油菜、麦类等作物。由于越冬场所不同，越冬幼虫化蛹、羽化时间参差不齐，常持续 2 个月左右，从而影响其他各代发生期，造成世代重叠现象。

二化螟成虫白天潜伏于稻丛基部及杂草中，夜间活动，趋光性强。雌蛾喜欢在叶宽、秆粗及生长嫩绿的稻田里产卵，苗期时多产在叶片上，圆秆拔节后大多产在叶鞘上。卵多在上午孵化，蚁螟孵出后，一般沿稻叶向下爬行或吐丝下垂，从叶鞘缝隙侵入，如遇叶鞘合缝较紧，又为叶舌附近的茸毛所阻不易侵入时，则在叶鞘外面选择某一部位蛀孔侵入。

3. 危害特点

水稻从秧苗期至成熟期，都可遭受二化螟的危害。其被害症状，随水稻生育阶段不同而异。初孵幼虫先侵入叶鞘集中危害，造成枯鞘，到 2 ～ 3 龄后蛀入茎秆，造成枯心、白穗和虫伤株（附图 2–10）。初孵幼虫，在苗期水稻上一般分散或几条幼虫集中危害；在大的稻株上，一般先集中危害，数十至百余条幼虫集中在一稻株叶鞘内，至 3 龄幼虫后才转株危害。老熟幼虫于化蛹前，在寄主组织内壁咬一个羽化孔，仅留一层表皮膜，羽化时破膜而出。

4. 防控措施

以农业防治为基础，减少越冬的虫源基数，对稻草中含虫多的要及早处理，也可把基部 10 ～ 15 厘米先切除烧毁。灌水杀蛹，即在二化螟初蛹期采用烤田、搁田或灌浅水，以降低化蛹的部位，进入化蛹高峰期时，突然灌深水 10 厘米以上，经 3 ～ 4 天，大部分老熟幼虫和蛹会被淹死。

采取物理防控方法，安装频振式杀虫灯诱杀成虫效果较好，可有效减少下代虫源，也可使用性诱剂诱控二化螟，且绿色、安全。

天敌对二化螟的数量消长起到一定抑制作用，尤以卵寄生蜂更为重要，应注意保护利用。

当水稻枯鞘丛率 5% ～ 8% 或每亩中心危害株 100 株或丛害率 1.0% ～ 1.5% 时施药防治，目前常用药剂为氯虫苯甲酰胺、阿维菌素、甲氨基阿维菌素苯甲酸盐、毒死蜱等。

五、稻苞虫

稻苞虫（*Parnara guttata*）属鳞翅目弄蝶科，又名直纹稻弄蝶、稻弄蝶、苞叶虫。主要危害水稻，也危害玉米、谷子、高粱、麦类、茭白、竹子等，也取食狗尾草、稗草、芦苇等多种禾本科杂草。稻苞虫广泛分布于全国各稻区，尤以南方稻区发生普遍，局部地区危害严重，是我国间歇性局部大发生的水稻害虫，一般在山区、半山区、滨湖地区、新垦稻区、旱改水地区，常间歇发生成灾。

1. 形态特征

成虫体长 16 ～ 20 毫米，翅展 36 ～ 40 毫米，为中型蛾子。体及翅均为黑褐色，并有金黄色光泽。翅上有多个大小不等的白斑。卵呈半圆球形，直径约 1 毫米，顶端平，中间稍下凹，表面有六角形刻纹，初产时淡绿色，后变褐色，快孵化时为紫黑色。幼虫两端较小，中间粗大，似纺锤形。老熟幼虫腹部两侧有白色粉状分泌物，体长 30 ～ 40 毫米，头大，浅棕黄色，头部正面中央有“山”字形褐纹，体黄绿色，背线深绿色。蛹淡黄色至黄褐色，长 22 ～ 25 毫米，近圆筒形，腹面淡黄白色，背面淡褐色，快羽化时腹背均变为紫黑色，第 5、6 腹节腹面中央有 1 个倒“八”字形褐纹。

2. 发生特点

山东年发生 3 ～ 4 代，第 1 代发生于芦苇等杂草上，第 2 代开始转入稻田危害水稻（附图 2–11）。以 7 月下旬至 8 月中旬发生的第 2 代幼虫危害严重。该虫为间歇性猖獗的害虫，其大发生的气候条件是适温 24 ～ 30℃，相对湿度 75% 以上。在 7—

8 月，雨量和雨日数多，尤其是“时晴时雨”，吹东南风、“下白昼雨”可作为大发生的预兆；高温干燥天气则不利其发生。在山区或水稻与芝麻、棉花等作物交替种植的地区，蜜源充裕，稻苞虫发生严重。

成虫昼出夜伏，飞翔力强，多在清晨羽化，晴天上午和傍晚活动最盛，大风和盛夏则隐伏草丛中。喜在芝麻、南瓜、棉花、千日红等植物上吸食花蜜，故可根据这些植物上的成虫数量预测下代幼虫发生程度。卵多散产于稻叶背面近中脉处，每叶多数着卵 1 ～ 2 粒。每头雌蛾可产卵 60 ～ 200 粒。雌蛾喜选择生长旺盛、叶色浓绿的稻田产卵。水稻分蘖期的稻田着卵量远大于其他生育期的稻田。幼虫共 5 龄，发育适温为 25 ～ 28℃，适宜相对湿度为 75% ～ 85%。幼虫历期为 19 ～ 27 天，随温度和食料的变化而延长或缩短。1 ～ 2 龄幼虫在靠近叶尖的边缘咬一缺刻，再吐丝将叶缘卷成小苞，自 3 龄起所缀叶片增多，一般为 2 ～ 8 片叶缀成一苞。一头可吃去 10 多片稻叶，4 龄后食量大增，取食量为一生的 90% 以上。老熟幼虫在苞内化蛹，蛹苞两端紧密，呈纺锤形。

3. 危害特点

幼虫吐丝缀叶成苞，躲在里面蚕食叶片，轻则造成缺刻，重则吃光叶片，还常使稻穗不能伸出。严重发生时，可将全田，甚至成片稻田的稻叶吃完。

稻苞虫早期危害造成白穗减产，晚期危害大量吞噬绿叶，造成绿叶面积锐减，稻谷灌浆不充分，千粒重低，严重减产，更为严重的是由于稻苞虫危害，导致稻粒黑粉病剧增，收获的稻谷中带病谷粒多，加工时黑粉不易去除，直接影响稻米质量，造成经济损失，威胁消费者的身体健康。抽穗前危害，使稻穗卷曲，无法抽出，或被曲折，不能开花结实，严重影响产量。

4. 防控措施

冬、春季成虫羽化前，结合积肥，铲除田边、沟边、积水塘边的杂草，以消灭越冬虫源。还可种植蜜源植物集中诱杀成虫。安装频振式杀虫灯诱杀成虫的效果较好，可有效减少下代虫源。

在卵期，寄生蜂作用大，重要的天敌有稻螟赤眼蜂、拟澳洲赤眼蜂等；幼虫期重要天敌有螟蛉绒茧蜂、螟蛉瘦姬蜂等。捕食性天敌有多种蜘蛛、步甲等。

稻苞虫在田间的发生分布很不平衡，应做好测报，在幼虫3龄以前，抓住重点田块进行药剂防治。在幼虫危害初期，可摘除虫苞或水稻孕穗前采用梳、拍、捏等方法杀虫苞。一般在分蘖期每百丛稻株有虫5头以上，圆秆期10头以上的稻田需要防治。防治二化螟、稻纵卷叶螟的农药，对此虫也有效，故常可兼治。常用药剂有毒死蜱、氯虫苯甲酰胺、阿维菌素、甲氨基阿维菌素苯甲酸盐等。由于稻苞虫晚上取食或换苞，故在16时以后施药效果较好。施药期内，田间最好留有浅水层。

第三节　山东稻田主要杂草发生与防控

一、禾本科杂草

草本，须根。茎圆形，节和节间明显。叶二列，叶包括叶片和叶鞘，叶鞘抱茎，鞘常为开口。穗状或圆锥花序，颖果。我国禾本科杂草有95属，216种，常见38种。禾本科杂草是稻田的主要杂草，山东稻田中常见的有稗草、千金子、马唐、牛筋草等一年生杂草。在直播栽培条件下，前期土壤干湿交替，大量杂草可迅速出苗，禾本科杂草萌发速度甚至快于水稻。

1. 稗草

稗草（*Echinochloa crus-galli*）又称稗子，是世界性恶性杂草，广泛分布于中国各地。适生于水田，在条件好的旱田发生也多，适应性强。常以优势草种生于湿润农田、荒地、路旁、沟边及浅水渠塘和沼泽。对水稻、玉米、豆类、薯类、棉花、禾谷类和蔬菜等作物都有危害。2012 年来已经上升为水稻产区第一恶性杂草，影响水稻产量及品质。有研究表明，9 株 / 平方米稗草发生密度可导致水稻减产 57% 左右（附图 2–12）。

稗子与麦子共同吸收麦田里养分，因此稗子是麦田里的恶性杂草，败家子中的“败”就是从稗子演变过来的。但同时也是马牛羊等的一种好的饲养原料，营养价值也较高，根及幼苗可药用，能止血，主治创伤出血。茎叶纤维可作造纸原料。稗子是水稻的祖先，经过人类的影响进化成了水稻。

稗草形状似水稻但叶片毛涩，颜色较浅，株高 50 ～ 130 厘米，秆直立或基部膝曲，叶条形。圆锥花序塔形，分枝为穗形总状花序，并生或生于主轴。稗草为种子繁殖，晚春型杂草，正常出苗的杂草大致在 7 月上旬抽穗、开花，8 月初果实逐渐成熟，一般比水稻成熟期要早。稗草的生命力极强。由于水稻采用分蘖后插秧或抛秧，稗草是自然生长，因此根部附近分叉比较多；并且稗草根部附近比水稻光滑得多，水稻有叶舌和叶耳，稗草无叶舌无叶耳。

稻田稗草的防除主要依靠化学农药。目前对稗草防除效果较好的药剂主要有丙草胺、丁草胺、二氯喹啉酸、五氟磺草胺、三唑磺草酮、噁唑酰草胺、嘧草醚、双草醚等。

2. 千金子

千金子（*Leptochloa chinensis*）的分布几乎遍及世界各主要水稻产区。千金子在中国、印度、马来西亚、澳大利亚、朝鲜半岛等国家和部分地区均分布较广。其中在中国多分布于华东、华中、华南、西南及陕西等地。千金子危害水稻、豆类、棉花等多种作物。山东各稻区都有千金子发生（附图 2–13）。千金子为种子繁殖，5—6 月出苗，8—11 月陆续开花、结果或成熟。种子经越冬休眠后萌发。

千金子为湿润秋熟旱作物和水稻田的恶性杂草，尤以水改旱时，发生量大，危害严重。千金子已成为直播水稻田仅次于稗草的第二大危害杂草，对水稻生产构成了严重威胁。千金子的严重发生与种源基数、温度、光照、水分管理、直播稻田干湿交替的环境以及长期使用单一化学除草剂等原因有关。千金子具极强的分蘖能力，单茎基部各节都可延伸扎根，在直播稻田植株大，共生期长，与水稻争水肥能力强，且有较强的结实力，一般 1 株可结种子上万粒。千金子具有很强的种子繁殖力，种子边成熟边脱落，借风力或自落向外传播，蔓延迅速，据报道，在小区试验中 2 株 / 平方米千金子可造成水稻减产 55%。

千金子株高 30 ～ 90 厘米。秆丛生，上部直立，基部膝曲或倾斜，具 3 ～ 6 节，光滑无毛。叶鞘无毛，大多短于节间；叶舌膜质，多撕裂，具小纤毛；叶片条状披针形，无毛，常卷折。花序圆锥状，分枝长，主轴和分枝均微粗糙，由多数穗形总状花序组成；小穗含 3 ～ 7 花，成 2 行着生于穗轴的一侧，常带紫色；颖具 1 脉，第二颖稍短于第一外稃；外稃具 3 脉，无毛或下部被微毛。颖果长圆形。幼苗淡绿色；第一叶长

2 ～ 2.5 毫米，椭圆形，有明显的叶脉，第二叶长 5 ～ 6 毫米；7 ～ 8 叶出现分蘖和匍匐茎及不定根。

稻田千金子的防除效果较好的药剂主要有丙草胺、丁草胺、氰氟草酯、双环磺草酮、三唑磺草酮等。

3. 马唐

马唐（*Digitaria sanguinalis*）又称秧子草，为禾本科马唐属，是世界上公认的 18 种恶性杂草之一。马唐广泛分布于世界热带、温带地区。在我国，以秦岭、淮河一线以北地区发生面积最大，长江流域和西南、华南也都有大量发生。

马唐种子传播快，繁殖力强，植株生长快，分枝多。马唐的竞争力强，广泛生长在田边、路旁、沟边、河滩、山坡等各类草本群落中，甚至能侵入竞争力很强的狗牙根、结缕草等群落中。马唐是秋熟旱作物的恶性杂草，发生数量、分布范围在旱地杂草中均居首位，以作物生长的前中期危害为主，常与毛马唐混生危害。主要危害玉米、豆类、棉花、花生、瓜类、薯类、谷子、高粱、蔬菜和果树等作物，是棉实夜蛾和稻飞虱的寄主，并能感染粟瘟病、麦雪腐病和菌核病等。近年来，随着水稻栽培技术与耕作制度的变化，马唐开始大量侵入稻田且危害逐渐加重，已成为部分地区直播稻田的优势杂草，严重影响水稻生长和产量（附图 2–14）。

马唐秆丛生，基部展开或倾斜，着土后节易生根或具分枝。秆膝曲上升，高可达 80 厘米，无毛或节生柔毛。叶鞘松弛抱茎，大部分短于节间；叶舌膜质，长 1 ～ 3 毫米，黄棕色，先端钝圆。叶片线状披针形，基部圆形，边缘较厚，微粗糙，具柔毛或无毛，长 5 ～ 15 厘米，宽 4 ～ 12 毫米。总状花序 3 ～ 10 个，长 5 ～ 18 厘米，上部互生或呈指状排列于茎顶，下部近于轮生。穗轴直伸或开展，两侧具宽翼，边缘粗糙；小穗椭圆状披针形，第一颖小，短三角形，无脉；第二颖披针形，第一外稃等长于小穗，中脉平滑，两侧的脉间距离较宽，第二外稃近革质，灰绿色，顶端渐尖，等长于第一外稃；6—9 月开花结果。

稻田使用的对马唐效果较好的除草剂主要有丙草胺、丁草胺、噁唑酰草胺、氰氟草酯等。

4. 牛筋草

牛筋草（*Eleusine indica*）是全球危害最严重的杂草之一，主要危害玉米、水稻、草坪、棉花、蔬菜、甘蔗及果树等。据报道，在哥伦比亚直播水稻中，如果不控制牛筋草，几乎可以造成作物全部损失。牛筋草分布于中国南北各省（区），多生于荒芜之地及道路旁，以黄河流域和长江流域及其以南地区发生较多。牛筋草为秋熟旱作物田危害较重的恶性杂草，对我国农业生产和生态环境都造成了严重的影响。随着水稻轻型栽培模式的推广，作为旱生杂草的牛筋草，近年来进入稻田危害水稻生产，并上升为直播水稻田的优势杂草种群，严重阻碍了直播稻优质高产和大面积推广应用（附图 2–15）。

牛筋草根系极发达，秆叶强韧，根密而深。秆丛生，基部倾斜向四周开展，高 10 ～ 90 厘米。叶鞘两侧压扁而具脊，松弛，无毛或疏生疣毛，鞘口常有柔毛。叶舌长约 1 毫米；叶片平展，线形，或卷折，无毛或上面被疣基柔毛。穗状花序 2 ～ 7 个指状着生于秆顶，很少单生；小穗长 4 ～ 7 毫米，宽 2 ～ 3 毫米，含 3 ～ 6 小花；颖披针形，具脊，脊粗糙。囊果卵形，基部下凹，具明显的波状皱纹。牛筋草 5 月初出苗，并很快形成第一次出苗高峰；而后于 9 月出现第二次高峰。一般颖果于 7—10 月陆续成熟，边成熟边脱落。种子经冬季休眠后萌发。花果期6—10月。牛筋草可通过有性和无性方法繁殖。有性繁殖通过种子繁殖，无性繁殖通过根、茎、叶或根茎、匍匐茎、块茎、球茎和鳞茎等器官繁殖。杂草可以通过营养繁殖器官散布传播，但主要是通过种子到处散布传播。杂草种子主要是借助自然力如风吹、流水及动物取食排泄传播，或附着在机械、动物皮毛或人的衣服、鞋子上，通过机械、动物或人的移动而到处散布传播。

目前，稻田防除牛筋草的有效药剂主要有氰氟草酯、噁唑酰草胺等。

二、莎草

莎草（*Cyperus rotundus*）是多种植物的别称，为莎草科多年生草本，多生长在潮湿处或沼泽地，分布于华南、华东、西南各省，少数种在东北、华北、西北一带亦常见到；此外，世界各国也都广泛分布。在我国常见莎草科杂草有34种，山东稻田中常见的有头状穗莎草、异型莎草、藨草、香附子、碎米莎草、牛毛毡等。

莎草的防除主要依靠化学农药，防除效果较好的有苄嘧磺隆、吡嘧磺隆、氯吡嘧黄隆、灭草松等。

1. 头状穗莎草

头状穗莎草（*Cyperus glomeratus*）又称聚穗莎草、三轮草等，一年生草本，以种子繁殖，种子于第二年春季萌发。在我国多分布于东北、华北、甘肃、安徽及江苏等地，生长于水边沙土上或路旁阴湿的草丛中（附图2-16）。

头状穗莎草具须根。秆散生，粗壮，高50～95厘米，钝三棱形，平滑，基部稍膨大，具少数叶。叶短于秆，宽4～8

毫米，边缘不粗糙；叶鞘长，红棕色。叶状苞片 3 ～ 4 枚，较花序长，边缘粗糙；复出长侧枝聚伞花序具 3 ～ 8 个辐射枝，辐射枝长短不等，最长达 12 厘米；穗状花序无总花梗，近于圆形、椭圆形或长圆形，长 1 ～ 3 厘米，宽 6 ～ 17 毫米，具极多数小穗；小穗多列，排列极密，线状披针形或线形，稍扁平，长 5 ～ 10 毫米，宽 1.5 ～ 2 毫米，具 8 ～ 16 朵花；小穗轴具白色透明的翅；鳞片排列疏松，膜质，近长圆形，顶端钝，长约 2 毫米，棕红色，背面无龙骨状突起，脉极不明显，边缘内卷；雄蕊 3，花药短，长圆形，暗血红色，药隔突出于花药顶端；花柱长，柱头 3，较短。小坚果长圆形、三棱形，长为鳞片的 1/2，灰色，具明显的网纹。花果期 6—10 月。

2. 异型莎草

异型莎草（*Cyperus difformis*）又称球穗莎草，一年生草本，分布于我国各地，为水稻田及低洼潮湿旱地的恶性杂草，尤以在低洼水稻田中发生危害重（附图 2–17）。

异型莎草秆丛生，高 2 ～ 65 厘米，扁三棱形。叶线形，短于秆，宽 2～6 毫米；叶鞘褐色；苞片 2～3，叶状，长于花序。长侧枝聚伞花序简单，少数复出；辐射枝 3 ～ 9，长短不等；头状花序球形，具极多数小穗，直径 5 ～ 15 毫米；小穗披针形或线形，长 2 ～ 8 毫米，具花 2 ～ 28 朵；鳞片排列稍松，膜质，近于扁圆形，长不及 1 毫米，顶端圆，中间淡黄色，两侧深红紫色或栗色，边缘白色；雄蕊 2，有时 1；花柱极短，柱头 3。小坚果倒卵状椭圆形、三棱形，淡黄色。花果期 7—10 月。以种子繁殖，北方地区在 5—6 月出苗，8—9 月种子成熟，经越冬休眠后萌发；长江中下游地区一年可以发生两代；热带地区周年均可生长、繁殖。异性莎草的种子繁殖量大，易造成严重的危害。又因其种子小而轻，故可随风散落、随水漂流，或随种子、动物活动传播。

3. 藨草

藨草（*Scirpus triqueter*），多年生草本，以种子和根状茎繁殖。除广东、海南外，中国各地区均有分布，生长在水沟、水塘、山溪边或沼泽地。在山东东营稻区发生危害严重（附图 2–18）。

藨草挺拔直立，秆散生，粗壮，高 20 ～ 90 厘米，茎棱形，直径 1 ～ 5 毫米，干时呈红棕色。基部具 2 ～ 3 个鞘，鞘膜质，横脉明显隆起，最上一个鞘顶端具叶片。叶片扁平，长 1.3 ～ 8 厘米，宽 1.5 ～ 2 毫米。苞片 1 枚，为秆的延长，三棱形，长 1.5 ～ 7 厘米。简单长侧枝，聚伞花序假侧生，有 1 ～ 8 个辐射枝；辐射枝三棱形，棱上粗糙，长可达 5 厘米，每辐射枝顶端有 1 ～ 8 个簇生的小穗；小穗卵形或长圆形，长 6 ～ 14 毫米，宽 3 ～ 7 毫米，密生许多花；鳞片长圆形、椭圆形或宽卵形，顶端微凹或圆形，长 3 ～ 4 毫米，膜质，黄棕色，背面具 1 条中肋，稍延伸出顶端呈短尖，边缘疏生缘毛；下位刚毛 3 ～ 5 条，几等长或稍长于小坚果，全长都生有倒刺；雄蕊 3，花药线形，药隔暗褐色，稍突出；花柱短，柱头 2，细长。坚果倒卵形，平凸状，长 2 ～ 3 毫米，成熟时褐色，具光泽。花果期 6—9 月。

三、阔叶杂草

阔叶杂草又称双子叶杂草，胚有两片子叶，草本或木本，叶脉网状，叶片宽，有叶柄。我国稻田中常见的阔叶杂草主要有野慈姑、雨久花、泽泻、狼把草、耳叶水苋、空心莲子草、鸭舌草、节节菜、鳢肠等。我国各个水稻产区的气候条件、地理环境及耕作栽培方式差异较大，因此各产区水稻田内的杂草种类及优势杂草种群各不相同。山东稻区的阔叶杂草发生较普遍的主要有鳢肠、鸭舌草、节节菜等。

稻田防除阔叶杂草的除草剂主要有苄嘧磺隆、吡嘧磺隆、氯氟吡氧乙酸、二甲四氯、五氟磺草胺、乙氧氟草醚等。

1. 鳢肠

鳢肠（*Eclipta prostrata*）属菊科，一年生草本植物，种子繁殖，具有很强的繁殖能力，在世界热带及亚热带地区广泛分布。中国全国各省（区）均有分布。生于河边、田边或路旁。喜湿润气候，耐阴湿。棉田、水稻田等危害严重的杂草，在局部地区已成为恶性杂草。山东各稻区都有鳢肠发生，严重影响水稻产量（附图 2–19）。

鳢肠茎直立或匍匐，高可达 60 厘米，基部多分枝，下部俯卧，节处生根。叶对生，叶片长圆状披针形或披针形，无柄或有极短的柄，长 3 ～ 10 厘米，宽 0.5 ～ 2.5 厘米，顶端尖或渐尖，边缘有细锯齿或有时仅波状，两面被密硬糙毛。头状花序，有细花序梗；总苞 5 ～ 6 层，球状钟形，总苞片绿色，草质，被糙毛。外围花舌状，舌片短，花冠管状，白色，花柱分枝钝，花托凸，托片中部以上有微毛；中央花管状，4 裂，黄色。瘦果暗褐色，雌花的瘦果三棱形，两性花的瘦果扁四棱形。5—6 月出苗，7—8 月开花结果，8—11 月果实渐次成熟。子实落于土壤或混杂于有机肥料中再回到农田。

2. 鸭舌草

鸭舌草（*Monochoria vaginalis*）是雨久花科雨久花属植物，一年生水生草本植物。鸭舌草分布于日本、马来西亚、菲律宾、印度、尼泊尔、不丹和中国，可生于平原至海拔 1 500 米的稻田、沟旁、浅水池塘等水湿处。鸭舌草分布遍及中国的水稻种植区，以长江流域及其以南地区发生和危害最重。鸭舌草是水稻田主要杂草，以早、中稻田危害严重，适宜于散射光线，稻棵封行后，仍能茂盛生长，对水稻的中期生长影响较大（附图 2–20）。

鸭舌草根状茎极短，具柔软须根，茎直立或斜上，高 10 ～ 30 厘米，全株光滑无毛。叶基生和茎生，纸质，上表面光亮，叶片形状和大小变化较大，有条形、披针形、矩圆状卵形、卵形至宽卵形，长 2 ～ 7 厘米，宽 0.8 ～ 5 厘米，顶端短突尖或渐尖，基部圆形或浅心形，全缘，具弧状脉，叶柄长 10 ～ 20 厘米，基部扩大成开裂的鞘，鞘长 2 ～ 4 厘米，顶端有舌状体，长 7 ～ 10 毫米。总状花序从叶柄中部抽出，有花 3 ～ 8 朵，花梗长 3 ～ 8 毫米，整个花序不超出叶的高度，花被片 6，披针形或卵形，蓝色并略带红色。蒴果卵形至长圆形，长约 1 厘米。种子长圆形，长约 1 毫米，灰褐色，具纵条纹。苗期 5—6 月，花期 7 月，果期 8—9 月。

3. 节节菜

节节菜（*Rotala indica*）属双子叶植物纲桃金娘目千屈菜科节节菜属，一年生草本，以匍匐茎和种子繁殖。我国中南部常见杂草，适生于较湿润地或水田，山东稻田的常见阔叶杂草（附图 2–21）。

节节菜株高 5 ～ 30 厘米，有分枝，茎略呈四棱形，光滑，略带紫红色，基部着生不定根。叶对生或轮生，稀互生，无柄或近无柄。叶片倒卵形、椭圆形或近匙状长圆形，长 5 ～ 10 毫米，宽 3 ～ 5 毫米，叶缘有软骨质狭边。花成腋生的穗状花序，长 6 ～ 12 毫米，苞片倒卵状长圆形，叶状，小苞片 2，狭披针形，花萼钟状，膜质透明，4 齿裂，宿存，花瓣 4 片，淡红色，极小，短子萼齿，雄蕊 4 枚，与萼管等长，子房上位，长约 1 毫米。花柱线形，长约为子房的一半或近相等。6—9 月出苗，花果期 8—10 月，冬季全株死亡。

第三章 山东水稻病虫草害综合防控技术研究

第一节　山东水稻主要病害综合防控技术研究

一、抗病品种的选择

国家、省的水稻新品种区试、新品种审定，包括有对稻瘟病、条纹叶枯病等的抗病性鉴定内容。抗病性鉴定被列为国家、省新品种审定的重要指标之一，在品种基本条件和分类品种条件中对抗病性有不同的要求。

（一）国家级稻品种审定标准（2021 年修订）

1. 基本条件：抗性（病、虫、冷、热）

每年南方稻区（不含武陵山稻区）品种稻瘟病综合抗性指数年度≤ 6.0，品种穗瘟损失率最高级≤ 7 级。

每年武陵山稻区、北方稻区品种稻瘟病综合抗性指数≤ 4.5，穗瘟损失率最高级≤ 5 级。

南方稻区的单季晚粳品种、北方稻区的黄淮海粳稻、京津唐粳稻品种的条纹叶枯病抗性最高级≤ 5 级。

除达到上述要求外，不同稻区还应对以下抗逆性状进行鉴定。

华南稻区：白叶枯病、白背飞虱（早籼）、褐飞虱（晚籼）。

长江中下游稻区：白叶枯病、条纹叶枯病（晚粳）、白背飞虱（早籼）、褐飞虱（不含早籼）、耐冷性（晚籼）。

2. 抗病品种

南方稻区（武陵山稻区除外）稻瘟病抗性达到中抗及以上，

或华南稻区白叶枯病抗性达到中抗及以上；武陵山稻区稻瘟病抗性达到抗及以上；北方、南方稻区粳稻稻瘟病抗性达到抗及以上，同时条纹叶枯病达到抗及以上。

3. 绿色优质品种

稻瘟病或褐飞虱或华南白叶枯病中抗及以上，且品质达到部标 2 级并优于对照的品种，每年区域试验比对照品种减产≤ 5.0%；稻瘟病、褐飞虱或华南白叶枯病中抗及以上，且品质达到部标 1 级并优于对照的品种，每年区域试验比对照品种减产≤ 7.0%。

（二）山东水稻品种审定标准（2023 年修订）

1. 基本条件

稻瘟病综合抗性指数≤ 4.5，穗瘟损失率最高级≤ 5 级。条纹叶枯病抗性最高级≤ 5 级。

2. 绿色优质品种

稻瘟病、条纹叶枯病抗性达到抗（R）及以上。稻瘟病达到抗（R）及以上，每年区域试验、生产试验比对照品种增产≥ 0.0%。

3. 优质抗病品种

稻瘟病抗性达到中抗（MR）及以上，品质达到农业行业标准二级，且抗性和品质均优于对照的品种，当年产量比对照品种减产≤ 5.0%；稻瘟病抗性达到中抗及以上，品质达到农业行业标准一级，且抗性和品质均优于对照的品种，当年产量比对照品种减产≤ 7.0%。生产试验产量不低于品质最差年份的产量。

（三）抗病性鉴定标准

1.《水稻品种试验稻瘟病抗性鉴定与评价技术规程》（NY/T 2646—2014）

苗叶瘟鉴定采用人工接种或自然诱发鉴定。人工接种试验品种种子浸种、催芽后，按顺序分别播种在带孔装有细土、穴间隔 3 厘米的塑料盘中，每个品种 10 ～ 15 粒。浇水盖土，保证正常出苗生长。接种前 3 ～ 5 天酌施氮肥，保持稻苗嫩绿，秧苗 3 ～ 4 叶期时，选择当地致病性较强和致病频率较高的 3 个或以上菌株（孢子液等比例混合）喷雾接种，孢子液浓度约为每毫升 20 万个孢子，接种量以所有叶片上布满孢子液为限。接种后置于 25 ～ 28℃的恒温室内，遮光保湿 24 小时，然后去除遮光条件，并定时喷雾保湿。试验设 2 次重复。自然诱发试验品种种子浸种、催芽后，选择晴天播（种）于旱地或湿润秧田。苗床宽 110 厘米，播种前划行、插牌，双幅播种，幅宽 40 厘米，幅间距 30 厘米，按顺序条播，条宽 2 ～ 3 厘米，条距 5 厘米，每条播种约 100 粒，然后压谷。两幅中间播诱发品种，播种宽度为 20 厘米，与双幅分别相隔 5 厘米。旱地适当浇水，保证正常出苗生长，试验设 2 次重复。

穗瘟鉴定圃宜设置在雾多、结露时间长的常发病稻区，选择土地平整、土质肥沃、排灌方便的重病田块育苗移栽、自然诱发，育秧方式参照《农作物品种区域试验技术规范　水稻》（NY/T 1300—2007）。本田每个品种栽 5 行，每行 6 穴，每穴 2 ～ 4 株基本苗，株行距为 13.3 厘米 ×20 厘米，品种按顺序排列。每个试验品种四周种植 2 行诱发品种。每个熟组栽插 1 个感病对照品种。施肥量高于当地生产水平，并在水稻抽穗前 5

天增施一次氮肥。鉴定圃治虫不治病（纹枯病严重田块需用井冈霉素进行防治）。试验设2次重复。

苗叶瘟在感病对照品种发病达7级或以上时调查，每个品种以发病最重的10株为调查对象，每株调查发病最重的叶片，取发病最重的3株平均作为品种评价的依据。苗叶瘟调查分级标准见表3–1。

表3–1　水稻苗叶瘟调查分级标准

病级	抗性类型	病情
0	高抗（HR）	无病
1	抗（R）	针头状大小褐点
2	抗（R）	褐点较大，直径小于1毫米
3	中抗（MR）	圆形至椭圆形的灰色病斑，边缘褐色，直径1～2毫米
4	中抗感（MS）	典型纺锤形病斑，长1～2厘米，通常局限在两叶脉之间，危害面积小于叶面积的2.0%
5	中抗感（MS）	典型纺锤形病斑，危害面积占叶面积的2.1%～10.0%
6	感（S）	典型纺锤形病斑，危害面积占叶面积的10.1%～25.0%
7	感（S）	典型纺锤形病斑，危害面积占叶面积的25.1%～50.0%
8	高感（HS）	典型纺锤形病斑，危害面积占叶面积的50.1%～75.0%
9	高感（HS）	典型纺锤形病斑，危害面积大于面积的75.1%

注：叶片上无叶瘟，但有叶枕瘟发生的记作5级。

穗瘟在水稻黄熟初期（80%稻穗尖端谷粒成熟时），每个品种调查发病最重的稻穗，不少于100穗。穗瘟单穗损失率分级标准见表3–2。

表 3–2　水稻穗瘟单穗损失率分级标准

病级	病情
0	无病
1	小枝梗发病，每穗损失≤ 5%
3	主轴或穗颈发病，每穗损失 5.1% ～ 20.0%
5	主轴或穗颈发病，谷粒半瘪，每穗损失 20.1% ～ 50.0%
7	穗颈发病，大部分瘪谷，每穗损失 50.1% ～ 70.0%
9	穗颈发病，每穗损失≥ 70.0%（在统计损失率时按每穗损失 100% 统计）

注：当没有穗瘟，而有节瘟时，节瘟按穗瘟的稻谷实际损失的级别计。

感病对照品种苗叶瘟病级、穗瘟病级未达 7 级，该组试验无效。根据调查结果计算出苗叶瘟病级、穗瘟病级、穗瘟损失率（级）和稻瘟病综合指数。水稻穗瘟发病率群体抗性分级标准见表 3–3，稻瘟病抗性综合评价分级标准见表 3–4，将水稻品种划分为高抗、抗、中抗、中感、感和高感共 6 个类型，以本稻作区鉴定网络有效病圃的抗性综合指数平均值作为评价依据。

表 3–3　水稻穗瘟发病率群体抗性分级标准

抗级	抗感类型	病穗率（%）
0	高抗（HR）	0
1	抗（R）	≤ 5.0
3	中抗（MR）	5.1 ～ 10.0
5	中感（MS）	10.1 ～ 25.0
7	感（S）	25.1 ～ 50.0
9	高感（HS）	≥ 50.1

注：1. 有穗颈瘟调查穗颈瘟，无穗颈瘟时再调查枝梗瘟，枝梗瘟换算为穗瘟的分级标准，枝梗瘟发病率≤ 10% 为 1 级，发病率 11% ～ 30% 为 3 级，发病率> 31% 为 5 级。枝梗瘟指穗轴第一次枝梗（包括穗上端 2/3 的穗轴部分）发病，谷粒饱满。

2. 当没有穗瘟，而有节瘟时，节瘟按穗瘟统计。

表 3–4　水稻稻瘟病抗性综合评价分级标准

抗级	抗感类型	病穗率（%）
0	高抗（HR）	≤ 0.1
1	抗（R）	0.1 ～ 2.0
3	中抗（MR）	2.1 ～ 4.0
5	中感（MS）	4.1 ～ 6.0
7	感（S）	6.1 ～ 7.5
9	高感（HS）	≥ 7.6

2.《水稻品种抗条纹叶枯病鉴定技术规范》（NY/T 2055—2011）

选择常年重发水稻条纹叶枯病田块（上年度感病对照品种在不防治条件下发病率大于 30%）作为鉴定圃，鉴定圃四周种植小麦作为灰飞虱寄养区。

参加鉴定的品种种子（含生产上公认的高抗品种和高感品种作为抗感对照）经浸种（200 毫升水 +1 克井冈霉素 +135 微升咪鲜胺）、催芽（并确保墒情能保证水稻出芽）；可选择直播或移栽方式进行鉴定。采用直播方式时每品种播 50 ～ 60 株，播种间距为 50 厘米，行距为 80 厘米；播种时间选择灰飞寄养区收割前 10 ～ 15 天；鉴定圃周围麦田小麦于水稻秧苗 1.5 叶期后收割。采用移栽方式时每品种栽插 50 ～ 60 株，采用水育秧方式，播种密度为 450 ～ 600 千克 / 公顷，播种后 20 ～ 30 天移栽，移栽密度同直播规格，其他条件也与直播方式相同。

在参鉴品种四周栽种保护行，株行距与参鉴品种相同；保护行采用感病品种。各品种采用随机排列，每 10 个参鉴品种设 1 个感病对照，整个鉴定圃设 2 个抗病对照，试验重复 3 次。

于灰飞虱一代成虫发生峰期和二代若虫发生峰期各调查1次灰飞虱的虫量。虫量调查方法为整个鉴定圃采用对角线法5点取样，每点拍查0.1平方米，用方形（33厘米×45厘米）白搪瓷盘为查虫工具，用水湿润盘内壁。在水稻秧苗中下部，连拍3下，每次拍查计数后，清洗白搪瓷盘，再进行下次拍查。统计成、若虫数量，并折算为公顷虫量。

于田间一代灰飞虱成虫发生峰期和二代若虫发生峰期分两次在鉴定用田块中捕捉2龄以上若虫或成虫500头以上，从中随机选取100头，按照《灰飞虱携带水稻条纹病毒检测技术免疫斑点法》（NY/T 2059—2011）检测灰飞虱群体带毒情况，计算灰飞虱群体的带毒率。鉴定圃及其周围10米范围内田块在二代成虫峰期结束前不使用任何杀虫剂和防治病毒药剂。于灰飞虱一代成虫发生峰期和二代若虫发生峰期后10～20天分别进行调查，每代次至少调查两次，且两次调查的间隔期不少于4～7天。

调查标准：

0级，无症状；

1级，有轻微黄绿色斑驳症状，病叶不卷曲，植株生长正常；

2级，病叶上褪绿扩展相连成不规则黄白色或黄绿色条斑，病叶不卷曲或略有卷曲，生长基本正常；

3级，病叶严重褪绿，病叶卷曲呈捻转状，少数病叶出现黄化枯萎症状；

4级，大部分病叶卷曲呈捻转状，叶黄化枯死，植株呈假枯心状或整株枯死。

其中2～4级直接记为病株；1级在7天后再次调查确认，

若表现出 2 级及更高级别症状，则记为病株，否则记为不发病；0 级记为不发病。

根据两次田间发病高峰感病对照的平均发病率确定发病率计算方式，若第一次发病高峰感病对照平均发病率达到 50% 以上，而抗病对照平均发病率在 15% 以下，则直接采用参鉴品种第一次病株数计算发病率；若第一次发病高峰感病对照平均发病率不到 50%，但两次发病高峰感病对照累计平均发病率超过 30%，同时两次发病高峰抗病对照累计平均发病率在 15% 以下，则累计参鉴品种两次发病高峰的病株数计算发病率；若出现两次发病高峰感病对照累计发病率仍未超过 30% 或抗病对照平均发病率在 15% 以上中任一种情况，则应分析原因，并重新进行试验。

当田间有效接种虫量不能满足水稻条纹叶枯病田间自然诱发鉴定的条件时，可采用田间人工接种鉴定作为辅助鉴定方法。参加鉴定的品种种子（含抗病对照和感病对照）经浸种、催芽，于一代若虫发生盛期前 10 天至盛期后 5 天，选取发芽良好的种子 50 ～ 60 粒条播于床上，3 次重复。在参鉴品种四周栽种保护行，株行距与参鉴品种相同；保护行采用感病品种。播种后以高 25 厘米，孔径小于 0.1 厘米的网笼将参鉴品种及保护行罩住。于若虫发生盛期从重病区捕捉的 2 ～ 4 龄灰飞虱作为接种体，选择带毒率在 25% 以上群体。于 1.5 叶龄期接种，接种后 15 ～ 25 天进行调查，至少调查两次，且两次调查的间隔期不少于 4 ～ 7 天。

室内鉴定接种用灰飞虱为从病害发生地采集的灰飞虱若虫或成虫。采集后饲养在具有调温和光照设备的养虫室内，使温度保持在 25 ～ 28℃并保证每天 12 小时的光照时间；玻璃杯、尼龙网布（网眼规格 0.1 厘米）、养虫架、适宜灰飞虱繁殖的水稻种子（宜采用灰飞虱喜食性品种武育粳 3 号或当地适宜的感虫品种）；转移灰飞虱用黑布、毛笔、吸虫管等。选取饲喂灰飞虱的水稻种子，经药剂（200 毫升水 +1 克井冈霉素 +135 微升咪鲜胺）浸种，选取发芽良好的种子 25 ～ 30 粒均播于盛有自然肥力土壤的玻璃杯（内径为 6 ～ 20 厘米）中；待苗长至 1.5 叶期时，将灰飞虱移入玻璃杯中进行饲养，15 ～ 20 天后需将灰飞虱转移至另一 1.5 叶期秧龄稻苗中进行饲养。将同一发病区采回的后代集中饲养，待长至成虫期后任其自由交配，再将雌虫取出单独置于一玻璃杯中产卵；同一雌虫产的卵孵化后编号集中饲养，并任其自由交配，如此饲养 2 ～ 3 代至灰飞虱群体数量大于 500 头后，从群体中随机取虫检测带毒率，选取带毒率在 60% 以上的群体继续加代饲养，同时跟踪检测各代带毒率，最后获得连续 5 代带毒率均在 50% 以上的对条纹病毒具有高亲和性灰飞虱群体作为接种群体。参鉴品种（含抗病对照和感病对照）经浸种、催芽，选取 30 粒左右发芽良好的种子均播于盛有自然肥力土壤的玻璃杯（内径为 6 ～ 9 厘米）中。选取处于 2 ～ 4 龄期的接种群体，于 26 ～ 28℃条件下接入玻璃杯中，同时从接种群体中随机抽取 100 头以上灰飞虱，测定带毒率，若带毒率小于 50%，则需分析原因并重新育苗接种；接种期间每天上午和下午各赶虫一次，接种 2 天后将秧苗移出玻璃杯，于 15 ～ 30℃条件下培育。接种后 15 ～ 25 天进行调查；至少调查 3 次，相邻两次调查间隔应在 4 ～ 7 天。若出现感病对照的平均发病率小于 30% 或抗病对照平均发病率在 15% 以上中任一种情况，则应分析原因，并重新进行试验。

当品种抗性在不同地区间、不同年度间或批次间鉴定结果表现不一致时，以最高的发病率为最终标准。选用田间抗性鉴定方法时，同一参鉴品种应在 2 年 2 点的有效重复试验中均表现为高抗或免疫，才可被评定为高抗条纹叶枯病水稻品种。选用室内鉴定方法时，同一参鉴品种应在独立有效的 3 次重复试验均表现为高抗或免疫，才可被评定为高抗条纹叶枯病水稻品种。选用田间抗性鉴定方法时，同一参鉴品种应在 2 年 2 点的有效重复试验中均表现为抗病以上，才可被评定为抗条纹叶枯病水稻品种。选用室内鉴定方法时，同一参鉴品种应在独立有效的 3 次重复试验均表现为抗病以上，才可被评定为抗条纹叶枯病水稻品种。选用田间抗性鉴定方法时，同一参鉴品种应在 2 年 2 点的有效重复试验中均表现为中感以上，才可被评定为中感条纹叶枯病水稻品种。选用室内鉴定方法时，同一参鉴品种应在独立有效的 3 次重复试验均表现为中感以上，才可被评定为中感条纹叶枯病水稻品种。

抗性各级别评价标准：

免疫（I），发病率为 0；

高抗（HR），发病率为 0.1% ～ 5%；

抗病（R），发病率为 5.1% ～ 15%；

中感（MS），发病率为 15.1% ～ 30%；

感病（S），发病率为 30.1% ～ 50%；

高感（HS），发病率大于 50.1%。

二、防控水稻稻瘟病的药剂筛选试验

（一）试验药剂

30% 三环唑 · 氟环唑悬浮剂，山东滨农科技有限公司生产，农药登记证号：PD20181726。

75% 三环唑可湿性粉剂，江苏瑞东农药有限公司生产，农药登记证号：PD20081685。

125 克 / 升氟环唑悬浮剂，巴斯夫植物保护（江苏）有限公司生产，农药登记证号：PD20151919。

（二）试验设计与安排

试验设在山东济阳区济阳街道高楼村一连续多年进行稻麦轮作的大田内，地势低洼，常年易发病。所有试验小区的栽培条件（耕作、施肥、株行距等）均匀一致，试验田土壤为沙壤土，土壤肥力中等。水稻 2017 年 5 月 19 日育苗，6 月 18 日移栽，水稻品种为东北香。

各处理小区随机区组排列，每处理重复 4 次，小区面积为 30 平方米。供试药剂试验设计见表 3–5。

表 3–5　供试药剂试验设计

处理编号	药剂	制剂量（毫升 / 亩或克 / 亩）	有效成分量（克 / 公顷）
1	30% 三环唑 · 氟环唑悬浮剂	60	270
2	30% 三环唑 · 氟环唑悬浮剂	75	337.5
3	30% 三环唑 · 氟环唑悬浮剂	90	405
4	75% 三环唑可湿性粉剂	27	300
5	125 克 / 升氟环唑悬浮剂	40	75
6	空白对照	—	—

（三）试验方法

药液配制采用二步配药法，先配母液，再按由低到高的浓度用量筒量取各处理所需母液，加水二次稀释至所需药液量，充分混合均匀后，倒入喷雾器内。采用利农 HD400 型背负式喷雾器进行常量茎叶喷雾，使雾滴分布均匀周到，0466 型锥形喷头（加 1bar 恒压阀），流速 600 毫升 / 分钟。施药要均匀一致，做到不重喷、不漏喷。在 2017 年 9 月 1 日于水稻叶瘟发生初期施第一次药，9 月 8 日再施一次，共施药两次。施药液量为每亩 45 千克。施药时水层深度 3 厘米左右。田间基本无杂草和藻类覆盖。

施药前调查病情基数，末次药后 14 天调查防治效果，共计调查 2 次。每小区 5 点取样，每点取 50 株，每株调查旗叶及旗叶以下两片叶片。叶瘟以叶片为单位。分级标准如下：

0 级：无病；

1 级：叶片病斑少于 5 个，长度小于 1 厘米；

3 级：叶片病斑 6 ～ 10 个，部分病斑长度大于 1 厘米；

5 级：叶片病斑 11 ～ 25 个，部分病斑连成片，占叶面积 10% ～ 25%；

7 级：叶片病斑 26 个以上，病斑连成片，占叶面积 26% ～ 50%；

9 级：病斑连成片，占叶面积 50% 以上或全部死亡。

药效计算方法：

$$\text{病情指数}=\frac{\Sigma(\text{各级病叶数}\times\text{相对级数值})}{\text{调查总叶数}\times 9}\times 100$$

$$\text{防治效果}=\left(1-\frac{\text{对照区药前病情指数}\times\text{处理区药后病情指数}}{\text{对照区药后病情指数}\times\text{处理区药前病情指数}}\right)\times 100\%$$

（四）结果与分析

用 SPSS 软件分析，采用 Duncan's 新复极差法进行多重比较。同列数据后标注不同字母表示差异显著，小写字母代表 $P<0.05$ 的差异显著性，大写字母代表 $P<0.01$ 的差异显著性。详见表 3–6。

表 3–6　30% 三环唑·氟环唑悬浮剂防治水稻稻瘟病田间药效试验结果

处理	平均病指	平均防效（%）	差异显著性	
			5%	1%
30% 三环唑·氟环唑悬浮剂 270 克 / 公顷	3.53	75.04	c	C
30% 三环唑·氟环唑悬浮剂 337.5 克 / 公顷	2.24	83.93	b	B
30% 三环唑·氟环唑悬浮剂 405 克 / 公顷	1.50	89.30	a	A
75% 三环唑可湿性粉剂 300 克 / 公顷	4.49	83.65	b	B
125 克 / 升氟环唑悬浮剂 75 克 / 公顷	2.43	82.72	b	B
空白对照	15.53	—	—	—

由表 3–6 可知，30% 三环唑·氟环唑悬浮剂对水稻稻瘟病具有较好的防治效果。供试药剂 270 克 / 公顷、337.5 克 / 公顷、405 克 / 公顷 3 个处理的防效随用药剂量的增加而提高，分别为 75.04%、83.93%、89.30%，对照药剂 75% 三环唑可湿性粉剂 300 克 / 公顷和 125 克 / 升氟环唑悬浮剂 75 克 / 公顷处理防效分别为 83.65% 和 82.72%。经方差分析，供试药剂 30% 三环唑·氟环唑悬浮剂 405 克 / 公顷处理防效显著优于对照药剂 75% 三环唑可湿性粉剂 300 克 / 公顷和 125 克 / 升氟环唑悬浮剂 75 克 / 公顷处理；供试药剂 30% 三环唑·氟环唑悬浮剂 337.5 克 / 公顷处理与对照药剂 75% 三环唑可湿性粉剂 300 克 / 公顷和 125 克 / 升氟环唑悬浮剂 75 克 / 公顷处理间防效相当，差异不显著；供试

药剂30%三环唑·氟环唑悬浮剂270克/公顷处理防效最低，显著低于两个对照药剂和供试药剂中高浓度处理。三环唑和氟环唑两种药剂对水稻稻瘟病都有较好的防效，二者以一定比例混合后，防效起到了加成作用，而且可以延缓稻瘟病对单剂抗药性的产生。在每次药后3天、5天观察各处理小区，和空白对照相比，无药害现象发生。

三、防控水稻纹枯病的药剂筛选试验

（一）试验药剂

30%苯甲·嘧菌酯悬浮剂，山东奥坤生物科技有限公司生产，农药登记证号：PD20182735。

10%苯醚甲环唑水分散粒剂，瑞士先正达作物保护有限公司生产，农药登记证号：PD20070061。

25%嘧菌酯悬浮剂，瑞士先正达作物保护有限公司生产，农药登记证号：PD20060033。

（二）试验设计与安排

试验设在山东济阳区济阳街道高楼村一连续多年种植水稻的大田内，地势低洼，常年易发病。所有试验小区的栽培条件（耕作、施肥、株行距等）均匀一致，符合当地农业实际，土质为沙壤土，土壤肥力中等。水稻5月18日进行育苗，6月22日移栽。施药时水层深度3厘米左右。田间基本无杂草和澡类覆盖。

各处理小区随机区组排列，每处理重复4次，小区面积为30平方米。供试药剂试验设计见表3-7。

表 3-7　供试药剂试验设计

处理编号	药剂	制剂量（克 / 亩）	有效成分量（克 / 公顷）
1	30% 苯甲 · 嘧菌酯悬浮剂	10.5	48.75
2	30% 苯甲 · 嘧菌酯悬浮剂	32.5	146.25
3	30% 苯甲 · 嘧菌酯悬浮剂	54.5	243.75
4	10% 苯醚甲环唑水分散粒剂	100	150
5	25% 嘧菌酯悬浮剂	32	120
6	空白对照	—	—

（三）试验方法

药液配制采用二步配药法，先配母液，再按由低到高的浓度用量筒量取各处理所需母液，加水二次稀释至所需药液量，充分混合均匀后，倒入喷雾器内。采用利农 HD400 型背负式喷雾器进行常量茎叶喷雾，使雾滴分布均匀周到，0466 型锥形喷头（加 1bar 恒压阀），流速 600 毫升 / 分钟。施药要均匀一致，做到不重喷、不漏喷。在于 2017 年 8 月 1 日施第一次药，8 月 8 日再施一次，共施药两次。施药液量为每亩 45 千克。施药时水层深度 3 厘米左右。田间基本无杂草和藻类覆盖。

施药前调查病情基数，末次药后 14 天调查防治效果及安全性，共计调查 2 次。根据水稻叶鞘和叶片危害症状程度分级，以株为单位，每小区对角线 5 点取样，每点调查相连 5 丛，共 25 丛，记录总株数、病株数和病级数，计算病情指数和防效。根据调查，由于药前病情基数极低，视为零。分级标准如下：

0 级：全株无病；

1 级：第四叶片及其以下各叶鞘、叶片发病（以剑叶为第一片叶）；

3 级：第三叶片及其以下各叶鞘、叶片发病；

5 级：第二叶片及其以下各叶鞘、叶片发病；

7 级：剑叶叶片及其以下各叶鞘、叶片发病；

9 级：全株发病，提早枯死。

药效计算方法：

$$病情指数=\frac{\Sigma（各级病叶数\times相对级数值）}{调查总叶数\times 9}\times 100$$

$$防治效果=（1-\frac{对照区药前病情指数\times处理区药后病情指数}{对照区药后病情指数\times处理区药前病情指数}）\times 100\%$$

（四）结果与分析

试验结果采用 SPSS 软件分析，采用 Duncan's 新复极差法进行多重比较。同列数据后标注不同字母表示差异显著，小写字母代表 $P<0.05$ 的差异显著性，大写字母代表 $P<0.01$ 的差异显著性。详见表 3–8。

表 3–8　30% 苯甲 · 嘧菌酯悬浮剂防治水稻纹枯病药效试验结果

药剂处理	有效成分用量（克 / 公顷）	平均病指	平均防效（%）	差异显著性	
				5%	1%
30% 苯甲 · 嘧菌酯悬浮剂	48.75	14.8	47.33	c	C
30% 苯甲 · 嘧菌酯悬浮剂	146.25	6.04	76.48	b	B
30% 苯甲 · 嘧菌酯悬浮剂	243.75	4.44	83.12	a	A
10% 苯醚甲环唑水分散粒剂	150	6.69	73.58	b	B
25% 嘧菌酯悬浮剂	120	6.26	73.10	b	B

据表 3–8 可知，供试药剂 30% 苯甲 · 嘧菌酯悬浮剂 3 个

不同剂量处理在药后10天对水稻纹枯病的防治效果分别为47.33%、76.48%、83.12%，可以看出该药剂中高浓度处理对水稻纹枯病具有较好的防治效果。对照药剂10%苯醚甲环唑水分散粒剂和25%嘧菌酯悬浮剂的防效分别为73.58%和73.10%，比供试药剂中剂量处理的防效稍低，说明二者以一定比例混合后效果起加成作用。

据表3–8方差分析可知，供试药剂3个不同剂量处理间防效相比，差异显著，中剂量处理与对照药剂10%苯醚甲环唑水分散粒剂处理、25%嘧菌酯悬浮剂处理相比均无显著性差异。

虽然8月试验期间雨水较多，可能会对试验结果造成一定的影响，但试验仍表明，山东奥坤生物科技有限公司生产的30%苯甲·嘧菌酯悬浮剂对水稻纹枯病具有较好的防治效果，用量小且药后对水稻安全，可以大面积推广使用。苯醚甲环唑和嘧菌酯对水稻纹枯病均有较高的防效，二者以一定比例混合后，利用了苯醚甲环唑保护和治疗的双重功能，以及嘧菌酯的杀菌范围较广的特性，混剂的效果起加成作用，同时可以延缓纹枯病菌对其单剂抗性的产生。

虽然30%苯甲·嘧菌酯悬浮剂具有保护和治疗双重功效，但是在防治水稻纹枯病时，为了尽量减轻病害造成的损失，应充分发挥其保护作用，在发病初期进行喷药效果最佳。推荐剂量为有效成分146.25～243.75克/公顷，制剂量32.5～54.5克/亩。一般7天左右施药一次，以2次为宜。

四、防控水稻恶苗病的药剂筛选试验

（一）试验药剂

450克/升咪鲜胺水乳剂，山东中农民昌化学工业有限公司生产。

450 克 / 升咪鲜胺水乳剂，江西巴菲特化工有限公司，农药登记证号：PD20140498。

（二）试验设计与安排

试验设在山东济阳区济阳街道高楼村一连续多年种植水稻的大田内，试验田地势平整，地力、肥力、品种、管理条件等均匀一致，符合当地农业实际。苗床每 10 平方米施 3 千克金满田固氮菌肥和 20 千克腐熟粪肥作基肥。各小区间设 50 厘米的保护行，筑田埂，单排单灌，防止水源串流。

各处理小区（苗床）随机区组排列，每处理重复 4 次，小区（苗床）面积为 8 平方米，供试药剂试验设计详见表 3–9。

表 3–9　供试药剂试验设计

处理编号	药剂	稀释倍数（倍）	有效成分量（毫克 / 千克种子）
1	450 克 / 升咪鲜胺水乳剂	7 200	62.5
2	450 克 / 升咪鲜胺水乳剂	4 800	93.75
3	450 克 / 升咪鲜胺水乳剂	3 600	125
4	450 克 / 升咪鲜胺水乳剂	4 000	112.5
5	空白对照	—	—

（三）试验方法

于水稻播种前用配制好的不同浓度的药液进行浸种（每 1 千克稻种按 1.5 升的试验药液或清水的量进行浸泡），72 小时后取出稻种，在 30℃下催芽 24 小时，然后均匀播种在以天然腐殖质为基质的苗床上，播种后盖膜，苗期苗床肥水按正常栽培技术进行规范管理。5 月 29 日，调查出苗率，6 月 18 日，大田移栽前调查防效，共计 2 次。

出苗率调查：从各处理中随机抽取 1 200 粒稻种，每个处理分 4 组（300 粒）定量定位播种，进行出苗试验，当苗床上的水稻苗出齐时，调查出苗率。

防效调查：在秧苗移栽前，按对角线五点取样调查，每点调查 100 株的病株率，计算防效。

药效计算方法：

$$病株率=\frac{调查病株数}{调查总株数}\times 100\%$$

$$防治效果=\frac{空白对照区病株率-处理区病株率}{空白对照区病株率}\times 100\%$$

（四）结果与分析

试验数据用 SPSS 软件分析，采用 Duncan's 新复极差法进行多重比较。同列数据后标注不同字母表示差异显著，小写字母代表 $P<0.05$ 的差异显著性，大写字母代表 $P<0.01$ 的差异显著性。详见表 3–10。

表 3–10　450 克 / 升咪鲜胺水乳剂防治水稻恶苗病田间药效试验结果

药剂处理	有效成分量（毫克 / 千克种子）	平均出苗率（%）	差异显著性		平均病株率（%）	平均防效（%）	差异显著性	
			5%	1%			5%	1%
450 克 / 升咪鲜胺水乳剂	62.5	93.83	a	A	2.95	72.04	c	C
450 克 / 升咪鲜胺水乳剂	93.75	93.42	a	A	1.90	81.99	b	B

（续表）

药剂处理	有效成分量（毫克/千克种子）	平均出苗率（%）	差异显著性		平均病株率（%）	平均防效（%）	差异显著性	
			5%	1%			5%	1%
450克/升咪鲜胺水乳剂	125	93.50	a	A	1.00	90.52	a	A
450克/升咪鲜胺水乳剂	112.5	93.25	a	A	1.60	84.83	b	B
空白对照	—	94.25	a	A	10.55	—	—	—

通过出苗试验结果来看，450克/升咪鲜胺水乳剂3个处理的出苗率分别为93.83%、93.42%、93.50%；对照药剂450克/升咪鲜胺水乳剂112.5毫克/千克种子的出苗率为93.25%；空白对照的出苗率为94.25%。经方差分析，供试药剂各处理的出苗率与对照药剂及空白处理间无显著差异，证明该药剂对水稻出苗是安全的。

防效调查结果表明，450克/升咪鲜胺水乳剂对水稻恶苗病具有较好的防治效果。供试药剂62.5毫克/千克、93.75毫克/千克、125毫克/千克种子3个处理防效分别为72.04%、81.99%、90.52%，对照药剂450克/升咪鲜胺水乳剂112.5毫克/千克种子处理防效为84.83%。经方差分析，供试药剂125毫克/千克种子处理防效优于对照药剂112.5毫克/千克种子，差异显著；供试药剂93.75毫克/千克种子处理防效与对照药剂112.5毫克/千克种子间防效相当，差异不显著；供试药剂62.5毫克/千克种子处理防效低于对照药剂112.5毫克/千克种子，差异显著。供试药剂随用药剂量的增加而防效提高，3个处理间差异显著。这说明咪鲜胺对水稻恶苗病具有较好的防效，在推荐剂量范围内对水稻的出苗及秧苗生长安全。从经济有效的角度考虑，推荐使用剂量为有效成分量 93.75 ～ 125 毫克 / 千克种子，折合浓度 3 600 ～ 4 800 倍液。

第二节　山东水稻主要害虫综合防控技术研究

一、防虫网物理阻断飞虱传播病毒病

2018 年、2019 年连续两年在山东省水稻研究所济宁试验基地开展防虫网育秧阻断稻飞虱传毒试验。分别设置 3 个处理，处理 1 为常规育秧、未施药管理，处理 2 为常规育秧、施药管理，处理 3 为防虫网育秧、未施药管理，由于稻飞虱危害均很轻，3 个处理之间没有差别。

通过对比发现，防虫网覆盖育秧与常规育秧相比成本偏高，防虫网覆盖育秧成本包括材料费和人工费，合计约 500 元 / 亩；而秧田施药成本包括药费和人工费，合计约 75 元 / 亩。农户接受度低，大面积推广较难。苗期防治稻飞虱，建议带药移栽。

二、香根草防治二化螟关键技术研究

香根草是多年生粗壮草本，文献报道，冬季最低气温在 −10℃以上的地区香根草可以安全越冬。香根草最佳种植时间为每年 3 月底至 4 月初，第一年种植时，可适当浇水、施氮肥，促进植株成活，当植株生长过高影响行走作业和入冬之前，可在近地面处刈割，第二年春季植株自然萌发生长。香根草的须根含挥发性浓郁的香气。在我国南方稻区种植在田埂上，二化

螟、大螟喜好在香根草上产卵孵化和钻蛀，但在香根草茎秆内难以完成幼虫发育，绝大部分不能发育到化蛹，从而减少了田间螟虫的发生量。

由于山东稻区冬季气温较低，常出现 –10℃以下的低温，致使香根草越冬存活率极低，难以大面积推广。本研究进行了香根草越冬和栽种模式探索试验，旨在筛选出提高香根草越冬存活率的方法，形成因地制宜的香根草种植方式。

（一）试验材料

1. 供试香根草

从江西南昌进贤县开心果业种植专业合作社购买。

2. 供试肥料

腐植酸有机肥，江苏狮邦化肥开发有限公司生产。

生物有机肥，江苏狮邦化肥开发有限公司生产。

液体肥，江苏狮邦化肥开发有限公司生产。

（二）试验设计与安排

试验设置在山东济宁任城区杨庄稻田，水稻品种为圣稻 18。周边连片水稻面积 100 公顷左右。

（三）试验方法

1. 香根草越冬试验

试验设 6 个处理，3 个肥料处理、1 个水稻秸秆覆盖处理、1 个地膜覆盖处理，并以不做任何处理的为对照。每个处理 10 棵香根草，3 个重复，详见表 3–11。试验于 2018 年 12 月 1 日进行，此前气温均在 0℃以上，土壤未上冻。于 2019 年 3—4

月，调查香根草返青时间、成活率，5 月调查香根草株高和丛围。

表 3-11　香根草越冬试验设计

处理编号	处理方式	香根草数量（棵）	肥料用量（克 / 棵）
1	腐植酸有机肥	10	150
2	生物有机肥	10	150
3	液体肥	10	5（兑水 500 克）
4	水稻秸秆覆盖	10	—
5	地膜覆盖	10	—
6	对照	10	—

2. 香根草栽种模式探索试验

分别于 2019 年 4 月 6 日水稻移栽前和 2019 年 5 月 18 日水稻移栽后栽种香根草幼苗。在水稻田埂上栽种，每米一穴，每穴 3 棵幼苗，每亩地约 80 穴，即 240 棵。分别于 2019 年 7 月 5 日调查不同种植日期的香根草株高和丛围。5 点取样，每点选择 10 株。

（四）结果与分析

1. 不同处理的香根草越冬成活情况

香根草越冬返青从 2019 年 4 月初开始，截至 4 月 16 日调查时，越冬成活率见表 3-12，结果表明，稻草覆盖和地膜覆盖越冬成活率较高，均在 80% 以上。5 月 28 日调查了成活返青香根草的株高和丛围，结果见表 3-13。由表 3-13 中数据可以看出，稻草覆盖和地膜覆盖的成活香根草的株高、丛围显著高于其他处理，两者间差异不显著。调查时发现，腐植酸有机肥、生物有机肥、液体肥 3 种处理的已经返青的香根草长势较弱，苗矮叶细。

表 3–12　不同处理的香根草越冬成活率

编号	处理方式	香根草越冬成活率（%）
1	腐植酸有机肥	25.56 b B
2	生物有机肥	14.44 b B
3	液体肥	16.67 b B
4	水稻秸秆覆盖	83.33 a A
5	地膜覆盖	81.11 a A
6	对照	0 c C

注：同列数据后标注不同字母表示差异显著，小写字母代表 $P<0.05$ 的差异显著性，大写字母代表 $P<0.01$ 的差异显著性。

表 3–13　越冬后香根草生长情况

编号	处理方式	株高（厘米）	丛围（厘米）
1	腐植酸有机肥	34.52 b B	24.31 b B
2	生物有机肥	20.18 c C	22.34 b B
3	液体肥	18.60 c C	18.86 b B
4	水稻秸秆覆盖	51.65 a A	46.72 a A
5	地膜覆盖	48.74 a A	41.88 a A
6	对照	—	—

注：同列数据后标注不同字母表示差异显著，小写字母代表 $P<0.05$ 的差异显著性，大写字母代表 $P<0.01$ 的差异显著性。

2. 不同栽种日期香根草生长状况

两个不同栽种日期的香根草于 7 月 5 日调查时，长势相当，株高和丛围差别不大。

表 3–14　不同栽种日期的香根草生长情况

编号	栽种日期	株高（厘米）	丛围（厘米）
1	2019 年 4 月 6 日	78.72	92.65
2	2019 年 5 月 18 日	76.83	91.44

3. 小结

香根草在南方稻区种植较多，被广泛用作稻田生态诱集螟虫。本研究发现，在黄河三角洲稻区于水稻移栽后栽种香根草幼苗，每 80 厘米一穴，每穴 3 棵，每亩地约 240 棵。可见螟虫虫卵并对蜘蛛有一定的涵养作用。注意栽种返青后施氮肥助长，并于每年 11 月中下旬，气温降至 0℃以下前刈割，地上部留 20 ～ 30 厘米，覆盖稻草或包裹地膜越冬。

三、性诱剂防治二化螟关键技术研究

昆虫性诱剂是为农业生产开发的仿生高科技产品，也是农业农村部在全国示范推广的绿色生物防治技术，它的应用能够减少化学农药的使用量，保护农田生态环境，保护靶标害虫的天敌等有益生物，实现有害生物的无害化治理。二化螟性诱剂利用雌性成虫性成熟时释放性信息素来引诱雄性成虫的原理，通过性诱剂诱捕器将有机合成的性信息素化合物释放到田间，从而诱杀雄性成虫，干扰雌雄交配，减少受精卵数量，达到控制二化螟的目的。这项技术省工、省力、省时，具有无毒、无害、高效环保的特点。

本试验选择了两种诱芯，比较了诱捕效果，并探索了诱捕器放置密度和注意事项。

（一）试验材料

供试性诱剂装置及诱芯，来自以下两个公司。

北京中捷四方生物科技股份有限公司，诱芯持效期 1 个月。

浙江宁波纽康生物技术有限公司，诱芯持效期 3 个月。

（二）试验设计与安排

试验设在山东济宁任城区杨庄稻田，水稻品种为圣稻 18。周边连片水稻面积 100 公顷左右。

（三）试验方法

采取之“字”形放置，每亩地放置 1 套诱捕器，每个诱捕器内 1 个诱芯。其中北京中捷四方生物科技股份有限公司的诱芯需要每个月更换一次。7 月上旬安装性诱剂装置并放置诱芯，10 月上旬撤掉装置。

（四）结果与分析

经调查，两种不同诱芯对二化螟的诱杀效果相当，无显著性差异。放置性诱剂的地块未使用放置二化螟的药剂，与农民常规防治相比，无明显差别。

本着节省人工的原则，推荐使用浙江宁波纽康生物技术有限公司的诱芯，持效期可达 3 个月。田间设置高度为诱捕器底端距地面（水面）50 ～ 80 厘米，可随植株生长调整高度，水稻生长中后期诱捕器底端置于植株冠层之下 5 ～ 10 厘米。集中连片使用性诱剂群集诱杀，面积不少于 100 亩，面积越大效果越好。

由于性诱剂独特的杀虫原理，在实践操作中应注意以下事项：一是性诱剂的敏感性强，需避免不同性诱剂间的相互干扰，安装不同种害虫的诱芯时要洗手，以免产生污染而影响诱杀效果；二是性诱剂是一种挥发性物质，一旦打开包装，应尽快使用所有诱芯，未开包装的性诱剂也需存放在较低温度的冰箱中；三是诱捕器安装的位置、高度以及空气气流方向等都会影响诱捕效果，安装时要充分考虑这些因素，以提高性诱剂的诱杀效果；四是要及时清理诱捕器中的死虫，切不可随意将虫尸倒在大田周围，应做深埋处理；五是诱捕器可以重复使用，每用完一季应及时回收。

四、二化螟对药剂的敏感度研究

近年来，二化螟的危害越加严重。二化螟的防治主要依赖化学农药，据报道，多个稻区的二化螟已对毒死蜱、氯虫苯甲酰胺、阿维菌素等常规药剂产生了不同程度的抗药性。作为山东稻区的螟虫优势种，目前还未见有关二化螟抗药性的报道。本研究测定山东济宁、济南、临沂、东营稻区的二化螟对 6 种药剂的敏感度，以期为当地二化螟的防治用药提供科学依据。

（一）试验材料

1. 供试药剂

2% 甲氨基阿维菌素苯甲酸盐微乳剂（简称甲维盐），市售，上海悦联化工有限公司生产。

5% 阿维菌素悬浮剂，市售，海利尔药业集团股份有限公司生产。

20% 氯虫苯甲酰胺（康宽）悬浮剂（SC），市售，上海杜邦农化有限公司生产。

8 000IU/毫升苏云金杆菌悬浮剂（SC），市售，山东慧邦生物科技有限公司生产。

0.3%印楝素乳油（EC），市售，成都绿金生物科技有限责任公司生产。

40%毒死蜱乳油（EC），市售，浙江新安化工集团股份有限公司生产。

2. 供试二化螟

分别于山东东营利津县陈庄恒业绿洲家庭农场、济宁鱼台县王庙镇旧城村、济南济阳区济阳街道高楼村和临沂郯城县大丰收家庭农场采集二化螟幼虫。其中利津县陈庄恒业绿洲家庭农场为单季稻田，其他3个都是连续多年进行稻麦轮作的稻田。采集回实验室后，挑取3龄幼虫进行试验。

（二）试验设计与安排

进行室内毒力测定试验，试虫放置在人工气候箱中饲养。

（三）试验方法

采用人工饲料药膜法。人工饲料的配制参照刘慧敏等（2008）、Han等（2012）的方法。配制完成后，趁热将适量人工饲料放入24孔板，确保饲料冷凝后，饲料表面平实、无气泡、与孔壁间无空隙，避免孔口和孔壁沾着饲料残渣。称取一定量的杀虫剂制剂，用纯水配制成一定浓度的母液，按梯度稀释成5个浓度的处理药液。按照药剂的浓度从低到高的顺序，吸取一定量的药液，加入已放置人工饲料的24孔板中，每孔100微升，以纯水为对照，自然风干备用。每个处理20头幼虫，重复3次。处理后置于相对温度（26±1）℃、相对湿度60%～80%、光照周期L∶D=14∶10的人工气候箱中。处理后48小时调查死虫数，计算死亡率、校正死亡率。

用SPSS 16.0数据处理软件建立毒力回归方程、计算相关系数、LC_{50}及95%置信限。按以下方法计算相对敏感性指数。以试验测得LC_{50}最低药剂作为对照药剂，并以其LC_{50}值为基准，分别计算出各药剂的相对敏感性指数。幼虫对不同药剂的相对敏感性指数=其他药剂的LC_{50}/最小LC_{50}，以LC_{50}最小的为1。

（四）结果与分析

1. 东营稻区二化螟对不同药剂的敏感度

由表3–15可见，东营稻区二化螟对甲维盐的敏感度最高，LC_{50}为2.589毫克/升；其次为印楝素，LC_{50}比甲维盐稍高，为3.072毫克/升，相对敏感性指数为1.19；然后是阿维菌素，LC_{50}为12.194毫克/升，相对敏感性指数为4.71；氯虫苯甲酰胺对二化螟的LC_{50}为18.647毫克/升，相对敏感性指数为7.20；二化螟对毒死蜱敏感度最低，LC_{50}为427.756毫克/升，相对敏感性指数高达165.22。苏云金杆菌对二化螟的LC_{50}为17.004 IU/微升。

表3–15　东营稻区二化螟对不同药剂的敏感度

杀虫剂	毒力回归方程	LC_{50}（95%置信限）[毫克/升；Bt（IU/微升）]	相关系数	相对敏感性指数
甲维盐	y=3.341x–1.380	2.589（2.021～3.119）	0.999	1.00
印楝素	y=2.796x–1.363	3.072（2.298～3.841）	0.955	1.19
阿维菌素	y=2.525x–2.742	12.194（9.136～15.437）	0.999	4.71
氯虫苯甲酰胺	y=3.054x–3.880	18.647（14.021～23.082）	0.995	7.20

（续表）

杀虫剂	毒力回归方程	LC_{50}（95% 置信限）[毫克 / 升；Bt（IU/ 微升）]	相关系数	相对敏感性指数
毒死蜱	y=3.168x–8.334	427.756（334.601 ～ 524.132）	0.992	165.22
苏云金杆菌（Bt）	y=2.579x–3.174	17.004（12.486 ～ 21.522）	0.987	—

2. 济南稻区二化螟对不同药剂的敏感度

由表 3–16 可见，济南稻区二化螟对甲维盐的敏感度最高，LC_{50} 为 2.797 毫克 / 升；其次为印楝素，两者相当，相对敏感性指数为 1.11；阿维菌素、氯虫苯甲酰胺两种药剂的 LC_{50} 分别为 11.043 毫克 / 升和 25.952 毫克 / 升，相对敏感性指数分别为 3.95 和 9.28；二化螟对毒死蜱敏感度最低，LC_{50} 为 425.095 毫克 / 升，相对敏感性指数高达 151.98；苏云金杆菌对二化螟的 LC_{50} 为 17.110 IU/ 微升。

表 3–16　济南稻区二化螟对不同药剂的敏感度

杀虫剂	毒力回归方程	LC_{50}（95% 置信限）[毫克 / 升，Bt（IU/ 微升）]	相关系数	相对敏感性指数
甲维盐	y=3.040x–1.360	2.797（2.166 ～ 3.406）	0.986	1.00
印楝素	y=3.021x–1.484	3.100（2.381 ～ 3.827）	0.993	1.11
阿维菌素	y=2.704x–2.821	11.043（8.301 ～ 13.848）	0.980	3.95
氯虫苯甲酰胺	y=2.678x–3.787	25.952（19.967 ～ 32.513）	0.998	9.28
毒死蜱	y=2.579x–6.780	425.095（312.163 ～ 538.044）	0.987	151.98
苏云金杆菌（Bt）	y=3.167x–3.906	17.110（13.384 ～ 20.965）	0.992	—

3. 济宁稻区二化螟对不同药剂的敏感度

由表 3–17 可见，济宁稻区二化螟对甲维盐的敏感度最高，

LC_{50} 为 2.943 毫克 / 升；其次为印楝素，LC_{50} 为 3.334 毫克 / 升，相对敏感性指数为 1.13；然后是阿维菌素，LC_{50} 为 13.169 毫克 / 升，相对敏感性指数为 4.47；氯虫苯甲酰胺对二化螟的 LC_{50} 为 23.493 毫克 / 升，相对敏感性指数为 7.98；二化螟对毒死蜱敏感度最低，LC_{50} 最高，为 667.342 毫克 / 升，相对敏感性指数高达 226.76；苏云金杆菌对二化螟的 LC_{50} 为 20.043 IU/ 微升。

表 3–17　济宁稻区二化螟对不同药剂的敏感度

杀虫剂	毒力回归方程	LC_{50}（95% 置信限）[毫克 / 升；Bt（IU/ 微升）]	相关系数	相对敏感性指数
甲维盐	y=2.716x–1.273	2.943（2.230 ～ 3.644）	0.996	1.00
印楝素	y=2.823x–1.476	3.334（2.544 ～ 4.151）	0.962	1.13
阿维菌素	y=2.388x–2.674	13.169（9.817 ～ 16.432）	1	4.47
氯虫苯甲酰胺	y=2.853x–3.911	23.493（18.132 ～ 29.170）	0.958	7.98
毒死蜱	y=2.439x–6.888	667.342（516.810–856.395）	0.999	226.76
苏云金杆菌（Bt）	y=2.549x–3.319	20.043（15.142 ～ 25.327）	0.996	—

4. 临沂稻区二化螟对不同药剂的敏感度

由表 3–18 可见，临沂稻区二化螟对印楝素最敏感，LC_{50} 为 3.249 毫克 / 升；甲维盐的 LC50 稍高，为 3.369 毫克 / 升，相对敏感性指数为 1.04；然后是阿维菌素，LC_{50} 为 13.819 毫克 / 升，相对敏感性指数为 4.25；氯虫苯甲酰胺对二化螟的 LC_{50} 为 29.535 毫克 / 升，相对敏感性指数为 9.09；二化螟对毒死蜱敏感度最低，LC_{50} 为 487.742 毫克 / 升，相对敏感性指数为 150.12；苏云金杆菌对二化螟的 LC_{50} 为 18.139 IU/ 微升。

表 3-18　临沂稻区二化螟对不同药剂的敏感度

杀虫剂	毒力回归方程	LC_{50}（95% 置信限）[毫克 / 升；Bt（IU/ 微升）]	相关系数	相对敏感性指数
印楝素	y=2.809x–1.438	3.249（2.462 ～ 4.052）	0.961	1.00
甲维盐	y=2.581x–1.361	3.369（2.590 ～ 4.212）	0.999	1.04
阿维菌素	y=2.251x–2.568	13.819（10.195 ～ 17.878）	0.996	4.25
氯虫苯甲酰胺	y=2.611x–3.839	29.535（22.930 ～ 37.201）	0.999	9.09
毒死蜱	y=2.525x–6.787	487.742（365.437 ～ 617.498）	0.999	150.12
苏云金杆菌（Bt）	y=2.720x–3.424	18.139（13.740 ～ 22.707）	0.982	—

5. 不同稻区二化螟对 6 种药剂的敏感性比较

以东营稻区的二化螟作为 4 个稻区中的相对敏感种群进行敏感性的比较，不同稻区二化螟对 6 种药剂的敏感性差异程度不同。其中，氯虫苯甲酰胺在临沂稻区与东营稻区之间相比较，相对敏感性指数为 1.58；毒死蜱在济宁稻区与东营稻区之间相比较，相对敏感性指数为 1.56。二化螟对其他 4 种药剂的敏感度，4 个稻区差别较小。

表 3-19　不同稻区二化螟对 6 种药剂的相对敏感性指数

杀虫剂	东营	济南	济宁	临沂
甲维盐	1.00	1.08	1.14	1.30
印楝素	1.00	1.01	1.09	1.06
阿维菌素	1.00	0.91	1.08	1.13
氯虫苯甲酰胺	1.00	1.39	1.26	1.58
毒死蜱	1.00	0.99	1.56	1.14
苏云金杆菌（Bt）	1.00	1.01	1.18	1.07

本试验结果表明，6 种药剂对济南、济宁和临沂稻区二化螟的 LC_{50} 整体比东营稻区的要高，可能因为前 3 个稻区均为多年大面积种植水稻的老稻区，用药次数多，二化螟的抗药性有所增强，敏感性逐渐降低。据研究调查，阿维菌素、毒死蜱和氯虫苯甲酰胺是目前山东 4 个稻区防治二化螟的常用药剂，尤其是毒死蜱，用药历史最长，这也是导致二化螟抗药性增强的一个主要原因。甲氨基阿维菌素苯甲酸盐、印楝素的使用较少；济宁鱼台县使用的防治二化螟的混剂中，个别产品如杀单・苏云金中含有苏云金杆菌成分，其他稻区较少使用苏云金杆菌。

阿维菌素是大环内酯类杀虫杀螨剂，结构上类似于大环内酯类抗生素，甲氨基阿维菌素苯甲酸盐是阿维菌素的衍生物，具有更好的热稳定性和水解性，其活性更好，加上阿维菌素的使用较广泛，因此二化螟对阿维菌素的敏感性不如甲维盐。氯虫苯甲酰胺是作用于鱼尼丁受体的双酰胺类杀虫剂。从 2008 年起在我国登记用于防治水稻二化螟后使用频繁，虽然使用年限不长，但是其抗性上升趋势明显，有研究表明二化螟对氯虫苯甲酰胺已产生不同程度的抗药性。本研究中，山东稻区的二化螟对氯虫苯甲酰胺的敏感性也已经有所降低。印楝素是从楝树中提取出来的一种四环三萜类固醇化合物，是一种植物源农药，有研究表明印楝素对二化螟有较好防治效果，与本研究结果一致。苏云金杆菌是微生物农药，应用广泛，对二化螟有较好的防治效果。苏云金杆菌制剂的有效成分含量通常用毒力效价（IU/ 微升）表示，因此 LC_{50} 的单位与其他药剂不同，不能计算相对敏感性指数。4 个稻区，苏云金杆菌的 LC_{50} 以济宁鱼台县的最高，为 20.043IU/ 微升，其他 3 个稻区差别不大，在 17.004 ～ 18.139 IU/ 微升。与苏云金杆菌对小菜蛾 155.63IU/ 微升

的 LC_{50} 相比，山东稻区的二化螟对苏云金杆菌均较敏感。

印楝素、苏云金杆菌是AA级绿色食品生产允许使用的农药，氯虫苯甲酰胺、甲氨基阿维菌素苯甲酸盐、毒死蜱是A级绿色食品生产允许使用的农药，本研究表明，山东各稻区二化螟对甲氨基阿维菌素苯甲酸盐、印楝素、苏云金杆菌的敏感性均较好，对氯虫苯甲酰胺的敏感性稍低，抗药性在逐渐形成，对毒死蜱的敏感性较低。绿色优质稻米基地的螟虫防控可优先选择印楝素、苏云金杆菌和甲维盐，注意与氯虫苯甲酰胺的轮换使用，以延缓抗药性的产生，应停用或少用毒死蜱。

五、防控二化螟的绿色、高效药剂田间筛选试验

在田间开展了0.3%印楝素乳油等6种药剂对二化螟的防治效果试验，筛选出印楝素和苏云金杆菌两种绿色、高效的杀虫剂。

（一）试验材料

1. 供试药剂：同四（一）1.。

2. 供试药剂试验设计

每个试验药剂选择两个浓度进行施药对比。详见表3–20。

表3–20　供试药剂试验设计

处理编号	药剂	有效成分量	制剂使用量（克/亩）
1	2%甲氨基阿维菌素苯甲酸盐微乳剂	3.00克/公顷	10
2		4.50克/公顷	15
3	5%阿维菌素悬浮剂	15.00克/公顷	20
4		22.50克/公顷	30

（续表）

处理编号	药剂	有效成分量	制剂使用量（克/亩）
5	20% 氯虫苯甲酰胺悬浮剂	30.0 克/公顷	10
6		45.0 克/公顷	15
7	8 000 IU/微升苏云金杆菌悬浮剂	12×10^6 IU/公顷	100
8		18×10^6 IU/公顷	150
9	0.3% 印楝素乳油	4.5 克/公顷	100
10		6.75 克/公顷	150
11	清水对照	—	—

（二）试验设计与安排

试验设置在山东济宁任城区杨庄稻田内，水稻品种为圣稻18。

（三）试验方法

于 2019 年 8 月 20 日二代低龄幼虫孵化盛期茎叶喷雾 1 次。平行跳跃式调查，每小区 5 点，每点 10 丛，统计调查株数、枯心（白穗）数并剥查所有螟害株，调查活虫数，计算枯心（白穗）率。

枯心（白穗）率 = 枯心（白穗）数 / 调查总株数 ×100%

防治效果 =（CK−PT）/CK×100%

式中，CK—空白对照区药后枯心（白穗）率；

PT—药剂处理区药后枯心（白穗）率。

（四）结果与分析

试验数据用 SPSS 软件分析，采用 Duncan's 新复极差法进行多重比较。同列数据后标注不同字母表示差异显著，小写字母代表 $P<0.05$ 的差异显著性，大写字母代表 $P<0.01$ 的差异显著性。详见表 3–21。

结果表明，各药剂处理对二化螟的防治效果均在 80% 以上，其中以 8 000IU/ 微升苏云金杆菌悬浮剂 150 毫升 / 亩处理的防效最高，为 91.67%，其次为 2% 甲氨基阿维菌素苯甲酸盐微乳剂 15 毫升 / 亩处理 90.85% 的防效，二者无显著性差异（$P<0.05$）；然后是 0.3% 印楝素乳油 150 毫升 / 亩处理的防效，为 88.96%，稍高于常用药剂 20% 氯虫苯甲酰胺悬浮剂 15 毫升 / 亩处理 87.95% 的防效。

表 3–21　不同药剂对二化螟的田间防治效果

处理编号	药后 30 天	
	枯心（白穗）率（%）	防效（%）
1	0.57 c C	87.28 b B
2	0.41 d D	90.85 a A
3	0.82 b B	81.83 d D
4	0.71 c C	84.02 c C
5	0.74 c C	83.51 c C
6	0.54 c C	87.95 b B
7	0.69 c C	84.67 c C
8	0.38 d D	91.67 a A
9	0.86 b B	81.09 d D
10	0.50 c C	88.96 b B
11	4.53 a A	—

六、杀螟组合物的研发

针对目前水稻鳞翅目对氯虫苯甲酰胺发生普遍抗性且较为严重的问题，本研究提供一种防治水稻鳞翅目害虫的含氯虫苯甲酰胺的药剂，包含棉酚，能够有效提高防效、降低氯虫苯甲酰胺的使用量。本研究提供的组合物能够在使用极低剂量的棉酚时大幅降低氯虫苯甲酰胺防治水稻螟虫的有效成分使用量，提高了药效；棉酚的成本低在组合物中的使用量少，可作为高效增效助剂使用。本研究的组合物对水稻螟虫具有良好的防治效果，能够降低氯虫苯甲酰胺施用剂量，降低防治成本，适于实际生产使用。

（一）背景技术

氯虫苯甲酰胺（Chlorantraniliprole）是从双酰胺类化合物中筛选出的具有新型结构的广谱杀虫剂，其作用机理为通过激活害虫肌肉中的鱼尼丁受体，导致内部钙离子过度释放，从而使害虫停止取食，出现肌肉麻痹、活力消失、瘫痪，直至彻底死亡。氯虫苯甲酰胺自 2008 年进入中国农药市场以来，被广泛用于防治多种农林业害虫，对鳞翅目的夜蛾科、螟蛾科、蛀果蛾科、卷蛾科、粉蝶科、菜蛾科、麦蛾科、细蛾科等均有很好的控制效果，还能控制鞘翅目象甲科、叶甲科；双翅目潜蝇科、粉虱科等多种非鳞翅目害虫。目前登记在防治水稻主要害虫上，能迅速保护水稻生长，尤其对其他水稻杀虫剂已经有抗性的害虫更有特效，如稻纵卷叶螟、二化螟、三化螟、大螟，对稻瘿蚊、稻象甲、稻水象甲也有很好的防治效果。因常年使用氯虫苯甲酰胺，多地田间水稻鳞翅目害虫已产生不同水平的抗药性，导致药剂达不到预期的防治效果。因此，需要寻找有效延缓抗药性的方法。

棉酚（Gossypol），又名棉毒素或棉籽醇，是锦葵科棉族植物体内形成并储存于其色素腺体内的多酚羟基联萘醛类化合物，是一种黄色多酚物质，存在于棉株的各个器官。棉酚对害虫的存活、繁殖及其种群的发生量均可产生明显的影响。以高含量的棉酚饲养棉铃虫幼虫，其体重大小、发育历期、成活率、化蛹率、羽化率、交配率、产卵量、孵化率等重要生命参数均受到不良影响，从而表现出抗虫性。

（二）技术方案

一种含氯虫苯甲酰胺的组合物，包括氯虫苯甲酰胺和棉酚，氯虫苯甲酰胺和棉酚的质量比为（50 ～ 1000）: 1；优选地氯虫苯甲酰胺和棉酚的质量比为（50 ～ 200）: 1。上述组合物可用于防治鳞翅目害虫，尤其是危害水稻的鳞翅目害虫，如水稻二化螟、水稻三化螟、水稻大螟、稻纵卷叶螟。

1. 氯虫苯甲酰胺和棉酚对水稻二化螟的室内毒力

于济宁鱼台县采集一代水稻二化螟幼虫，在实验室内饲养至羽化后，将卵块置于人工饲料上，放入人工气候箱，饲养至3龄，采用人工饲料药膜法进行毒力测定试验。

将氯虫苯甲酰胺用二甲基甲酰胺（DMF）配制成一定浓度的母液，用曲拉通 -100 溶液（0.1wt%）按梯度稀释成5个系列浓度的处理药液。将醋酸棉酚以丙酮溶解配制母液，用曲拉通 -100 溶液（0.1wt%）按梯度稀释成5个系列浓度的处理药液；氯虫苯甲酰胺和醋酸棉酚的混剂采用如下配制方法：在配制氯虫苯甲酰胺系列浓度溶液的过程中，加入醋酸棉酚，使两者的质量比为1 000 : 1、500 : 1、200 : 1、100 : 1、50 : 1，混剂中氯虫苯甲酰胺的浓度与单剂一致。

人工饲料的配制参照刘慧敏等（2008）、Han 等（2012）的方法。配制完成后，趁热将适量人工饲料放入 24 孔板，确保饲料冷凝后，饲料表面平实、无气泡、与孔壁间无空隙，避免孔口和孔壁粘着饲料残渣。按照药剂的浓度从低到高的顺序，吸取一定量的药液，加入已放置人工饲料的 24 孔板中，每孔 100 微升，以最高氯虫苯甲酰胺药液中 DMF 浓度的曲拉通 –100 溶液（0.1wt %）为对照，自然风干备用。每个处理 20 头幼虫，重复 3 次。处理后置于相对温度（26±1）℃、相对湿度 60% ～ 80%、光照周期 L∶D=14∶10 的人工气候箱中，处理后 72 小时调查死虫数；用 SPSS 数据处理软件建立毒力回归方程、R^2、LC_{50} 及 95% 置信限，计算增效比（药剂 LC_{50}/ 添加增效剂后药剂 LC_{50}）。

由表 3–22 结果可知，氯虫苯甲酰胺、醋酸棉酚对二化螟的 LC_{50} 分别为 23.064 毫克 / 升和 391.748 毫克 / 升。由于最高氯虫苯甲酰胺浓度下最大棉酚含量仅 4 毫克 / 升，因此，将醋酸棉酚作为增效剂使用。通过增效比可知，氯虫苯甲酰胺和醋酸棉酚的质量比为（500 ～ 1000）∶1 的范围内由于棉酚含量过低，增效作用较小；当醋酸棉酚的比例提高到（100 ～ 200）∶1 的范围内时，有较明显的增效作用；当醋酸棉酚的比例继续提高时，增效比不再显著提高。

表 3–22　氯虫苯甲酰胺和棉酚对水稻二化螟的联合毒力

药剂	毒力回归方程	R^2	LC_{50}（95% 置信限）（毫克 / 升）	增效比
氯虫苯甲酰胺	y=1.681x–2.291	0.990	23.064（19.055 ～ 27.792）	—
醋酸棉酚	y=1.661x–4.307	0.962	391.748（329.463 ～ 475.000）	—

（续表）

药剂	毒力回归方程	R^2	LC_{50}（95% 置信限）（毫克 / 升）	增效比
氯虫苯甲酰胺：醋酸棉酚（1000∶1）	y=1.585x–2.156	0.996	22.910（18.783 ～ 27.810）	1.01
氯虫苯甲酰胺：醋酸棉酚（500∶1）	y=1.755x–2.355	0.998	21.974（18.278 ～ 26.267）	1.05
氯虫苯甲酰胺：醋酸棉酚（200∶1）	y=1.556x–2.001	0.996	19.314（15.771 ～ 23.448）	1.19
氯虫苯甲酰胺：醋酸棉酚（100∶1）	y=1.681x–2.129	0.980	18.472（15.254 ～ 22.214）	1.25
氯虫苯甲酰胺：醋酸棉酚（50∶1）	y=1.591x–2.020	0.983	18.632（15.274 ～ 22.559）	1.24

2. 氯虫苯甲酰胺和棉酚对水稻大螟的室内毒力

将采自山东省农业科学院湿地农业与生态研究所济宁试验基地水稻田内的越冬代老熟幼虫置于合适条件下打破滞育，使其化蛹并羽化，将成虫转移至放有分蘖期水稻苗的产卵笼中产卵。将产有大螟卵的水稻叶鞘剪下，置于铺有湿滤纸的培养皿中，待卵块孵化后置于人工饲料上，放入人工气候箱，饲养至 3 龄，采用饲料药膜法进行毒力测定试验。

将氯虫苯甲酰胺用 DMF 配制成一定浓度的母液，用曲拉通 –100 溶液（0.1wt%）按梯度稀释成 5 个系列浓度的处理药液。将醋酸棉酚以丙酮溶解配制母液，用曲拉通 –100 溶液（0.1wt%）按梯度稀释成 5 个系列浓度的处理药液；氯虫苯甲酰胺和醋酸棉酚的混剂采用如下配制方法：在配制氯虫苯甲酰胺系列浓度溶液的过程中，加入醋酸棉酚，使两者的质量比为 1 000∶1、500∶1、200∶1、100∶1、50∶1，混剂中氯虫苯甲酰胺的浓度与单剂一致。

人工饲料参照李波等（2015）的配方进行配制。配制完成后，趁热将适量人工饲料放入24孔板，确保饲料冷凝后，饲料表面平实、无气泡、与孔壁间无空隙，避免孔口和孔壁沾着饲料残渣。按照药剂的浓度从低到高的顺序，吸取一定量的药液，加入已放置人工饲料的24孔板中，每孔100微升，以最高氯虫苯甲酰胺药液中DMF浓度的曲拉通–100溶液（0.1wt%）为对照，自然风干备用。每个处理20头幼虫，重复3次。处理后置于相对温度（26±1）℃、相对湿度60%～80%、光照周期L∶D=14∶10的人工气候箱中，处理后72小时调查死虫数；用SPSS数据处理软件建立毒力回归方程、R^2、LC_{50}及95%置信限，计算增效比。

由表3–23结果可知，氯虫苯甲酰胺、醋酸棉酚对水稻大螟的LC_{50}分别为16.177毫克/升和255.467毫克/升。由于最高氯虫苯甲酰胺浓度下最大棉酚含量仅4毫克/升，此浓度下大螟的理论死亡率不足1%，因此，将醋酸棉酚作为增效剂使用。通过增效比可知，氯虫苯甲酰胺和醋酸棉酚的质量比为（500～1 000）∶1的范围内由于棉酚含量过低，增效作用有限；当醋酸棉酚的比例提高到（50～200）∶1的范围内时，有较明显的增效作用，且随着棉酚比例的增加增效比也提高。

表3–23　氯虫苯甲酰胺和棉酚对水稻大螟的联合毒力

药剂	毒力回归方程	R^2	LC_{50}（95%置信限）（毫克/升）	增效比
氯虫苯甲酰胺	y=1.288x–1.557	0.995	16.177（12.705～20.289）	—
醋酸棉酚	y=1.368x–3.293	0.977	255.467(209.039～313.758）	—

（续表）

药剂	毒力回归方程	R^2	LC_{50}（95% 置信限）（毫克 / 升）	增效比
氯虫苯甲酰胺：醋酸棉酚（1 000∶1）	y=1.294x–1.541	0.997	15.524（12.182 ～ 19.466）	1.04
氯虫苯甲酰胺：醋酸棉酚（500∶1）	y=1.157x–1.383	0.988	15.704（12.081 ～ 19.997）	1.03
氯虫苯甲酰胺：醋酸棉酚（200∶1）	y=1.387x–1.568	0.990	13.505（10.718 ～ 16.698）	1.20
氯虫苯甲酰胺：醋酸棉酚（100∶1）	y=1.368x–1.481	0.992	12.097（9.524 ～ 15.025）	1.34
氯虫苯甲酰胺：醋酸棉酚（50∶1）	y=1.417x–1.476	0.983	11.012（8.694 ～ 13.627）	1.47

3. 氯虫苯甲酰胺和棉酚对稻纵卷叶螟的室内毒力

在山东省农业科学院湿地农业与生态研究所济宁试验基地水稻田内，采用黑光灯诱集稻纵卷叶螟成虫，将配对后的成虫转移至放有分蘖期水稻苗的产卵笼中产卵，以 10% 蜂蜜水补充营养，每日更换稻苗。将产卵的稻苗置于相对温度（26±1）℃、相对湿度 60% ～ 80%、光照周期 L∶D=14∶10 的人工气候箱中培养，待卵块孵化后采用稻苗浸渍法进行毒力测定试验。

将氯虫苯甲酰胺用 DMF 配制成一定浓度的母液，用曲拉通 –100 溶液（0.1wt%）按梯度稀释成 5 个系列浓度的处理药液。将醋酸棉酚以丙酮溶解配制母液，用曲拉通 –100 溶液（0.1wt%）按梯度稀释成 5 个系列浓度的处理药液；氯虫苯甲酰胺和醋酸棉酚的混剂采用如下配制方法：在配制氯虫苯甲酰胺系列浓度溶液的过程中，加入醋酸棉酚，使两者的质量比为 1 000∶1、500∶1、200∶1、100∶1、50∶1，混剂中氯虫苯甲酰胺的浓度与单剂一致。

将高度25厘米左右的稻苗于供试药液中浸渍30秒，自然晾干后，叶片剪成5～6厘米的小段置于保湿培养皿内，将20头已经挂丝的稻纵卷叶螟幼虫用毛笔挑入培养皿中的稻叶上，用纱布扎紧开口，每处理3次重复。处理后置于相对温度（26±1）℃、相对湿度60%～80%、光照周期L∶D=14∶10的人工气候箱中，处理后5天调查死虫数；用SPSS数据处理软件建立毒力回归方程、R^2、LC_{50}及95%置信限，计算增效比。

由表3–24结果可知，氯虫苯甲酰胺、醋酸棉酚对稻纵卷叶螟的LC_{50}分别为3.440毫克/升和102.813毫克/升。由于最高氯虫苯甲酰胺浓度下最大棉酚含量仅0.5毫克/升，此浓度下稻纵卷叶螟的理论死亡率不足1%，因此，将醋酸棉酚作为增效剂使用。通过增效比可知，氯虫苯甲酰胺和醋酸棉酚的质量比为1 000∶1时由于棉酚含量过低，增效作用有限；当醋酸棉酚的比例提高到（50～500）∶1的范围内时，有较明显的增效作用，且随着棉酚比例的增加增效比也提高。尤其是当两者比例范围在（50～200）∶1时，增效比大于1.2。

表3–24　氯虫苯甲酰胺和棉酚对稻纵卷叶螟的联合毒力

药剂	毒力回归方程	R^2	LC_{50}（95%置信限）（毫升/升）	增效比
氯虫苯甲酰胺	y=1.964x–1.054	0.987	3.440（2.960～4.034）	—
醋酸棉酚	y=1.569x–3.156	0.964	102.813（67.992～187.850）	—
氯虫苯甲酰胺：醋酸棉酚（1000∶1）	y=1.852x–0.951	0.986	3.263（2.790～3.852）	1.05
氯虫苯甲酰胺：醋酸棉酚（500∶1）	y=1.751x–0.849	0.983	3.051（2.593～3.622）	1.13

（续表）

药剂	毒力回归方程	R^2	LC_{50}（95% 置信限）（毫升 / 升）	增效比
氯虫苯甲酰胺：醋酸棉酚（200∶1）	y=1.711x−0.775	0.985	2.836（2.403 ～ 3.370）	1.21
氯虫苯甲酰胺：醋酸棉酚（100∶1）	y=1.631x−0.611	0.972	2.370（1.992 ～ 2.821）	1.45
氯虫苯甲酰胺：醋酸棉酚（50∶1）	y=1.773x−0.571	0.985	2.099（1.781–2.467）	1.64

4. 含棉酚的氯虫苯甲酰胺悬浮剂制备

按照以下质量百分比称取原料：

氯虫苯甲酰胺 20%；

醋酸棉酚 0.2%；

分散剂：苯乙烯 – 马来酸酐共聚物，2.5%；

润湿剂：聚醚 F–68，1.5%；

聚氧乙烯醚琥珀酸酯磺酸钠，1.5%；

填料：白炭黑，0.1%；

二氧化钛 0.1%，氧化锌 0.1%；

增稠剂：黄原胶，0.1%；

防腐剂：异噻唑啉酮，0.1%；

有机硅消泡剂，0.2% ；

余量为水。

将水、润湿剂、分散剂、消泡剂、防腐剂、填料剪切混合，然后加入棉酚和氯虫苯甲酰胺；然后锆珠研磨，再加入增稠剂剪切混合，得到含棉酚的 20% 氯虫苯甲酰胺悬浮剂。

同时按照上述方法制备只含氯虫苯甲酰胺的 20% 悬浮剂。

5. 含棉酚的氯虫苯甲酰胺悬浮剂对水稻螟虫的田间防效

含棉酚的氯虫苯甲酰胺悬浮剂防治水稻螟虫的田间试验于山东省农业科学院湿地农业与生态研究所济宁试验基地进行。水稻品种为圣稻18，生长时期为水稻孕穗期，前茬作物为小麦。含棉酚的氯虫苯甲酰胺悬浮剂进行高、中、低3个浓度试验，以只含氯虫苯甲酰胺的悬浮剂为对照药剂，清水为空白对照。试验分小区纵向顺行分布，随机区组排列，小区面积20平方米，重复4次。按照每公顷450升药液量，用配锥形喷头的MATABI圆9型喷雾器喷雾，压力1.5 bar。药后30天统计调查株数、枯心（白穗）数并剥查所有螟害株，调查活虫数，按照以下公式计算枯心（白穗）率、卷叶率、防效、虫口防效：

枯心（白穗）率=枯心（白穗）数/调查总株数×100%

卷叶率=螟害卷叶数/调查总叶数×100%

防效=（CK−PT）/CK×100%

式中，CK—空白对照区药后枯心（白穗）率或卷叶率；

PT—药剂处理区药后枯心（白穗）率或卷叶率。

虫口防效=（对照区活虫数−处理区活虫数）/对照区活虫数×100%

试验数据用SPSS软件分析，采用Duncan's新复极差法进行多重比较。同列数据后标注不同字母表示差异显著，小写字母代表P<0.05的差异显著性，大写字母代表P<0.01的差异显著性（表3–25、表3–26）。

表 3–25　对二化螟和大螟的田间防治结果

处理编号	药剂	有效成分用量（克 / 公顷）	枯心（白穗）率（%）	防效（%）	虫口防效（%）
1	20% 氯虫苯甲酰胺悬浮剂（含棉酚）	22.50	1.36 c C	69.61 a A	74.00 a A
2		30.00	0.82 bc BC	81.69 b B	88.00 b BC
3		45.00	0.38 d B	91.44 c C	92.00 c C
4	20% 氯虫苯甲酰胺悬浮剂	45.00	0.92 bc BC	79.45 b B	82.00 b B
5	空白对照	—	4.47 a A	—	—

表 3–26　对稻纵卷叶螟的田间防治结果

处理编号	药剂	有效成分用量（克 / 公顷）	卷叶率（%）	防效（%）	虫口防效（%）
1	20% 氯虫苯甲酰胺悬浮剂（含棉酚）	22.50	1.23 b B	74.62 a A	72.00 a A
2		30.00	0.94 bc B	80.56 b AB	83.20 b B
3		45.00	0.50 c B	89.57 c C	91.20 c C
4	20% 氯虫苯甲酰胺悬浮剂	45.00	0.85 bc B	82.39 b B	72.80 a A
5	空白对照	—	4.85 a A	—	—

由表 3–25、表 3–26 可知，20% 氯虫苯甲酰胺悬浮剂添加棉酚后对水稻螟虫具有较好的防治效果。试验药剂各处理的防治效果随药剂浓度增加而升高。药后 30 天，对二化螟、大螟的总体防效为 69.61% ～ 91.44%，对稻纵卷叶螟的总体防效为 74.62% ～ 89.57%。添加棉酚后有效成分用量 30 克 / 公顷与未添加时 45 克 / 公顷的防效相当，无显著性差异。氯虫苯甲酰胺制剂于 2010 年进入国内市场，随着应用时间的延长，该药剂对水稻螟虫的防治效果降低；药剂使用说明书中防治水稻螟虫的最

高用量为 30 克 / 公顷，而本试验中 20% 氯虫苯甲酰胺悬浮剂在有效成分用量 45 克 / 公顷时防效在 80% 左右，相比说明书该药剂已经产生了一定水平的抗药性；而添加棉酚后能够降低有效成分的用量，提高对水稻螟虫的防治效果。

第三节　山东稻田主要杂草高效、安全防控研究

一、除草剂对水稻机插秧田杂草的防效及安全性评价研究

随着农村劳动力的大量转移，水稻机插秧技术发展迅速，但由于机插秧田行距较宽使得土表裸露多，进而导致杂草的发生量大期长，主要杂草有稗草、千金子、鸭舌草、耳叶水苋、莎草等，发生高峰一般集中在移栽后 3 ～ 10 天和 20 ～ 30 天，主要依赖化学除草剂防治。随着化学除草剂的用药量逐渐增加，抗性问题不断呈现。山东水稻主要沿河、湖、涝洼地和盐碱地分布，耕作模式有稻麦轮作和一季春稻两种。据前期初步调查，两种耕作模式水稻田的草相差较大，除草剂使用情况也有所不同。本试验分别对稻麦轮作区和一季春稻区中稻田杂草进行了不同处理方式下不同除草剂的防效试验，旨在为山东稻区机插秧田的杂草防除提供理论依据和科学指导。

（一）试验药剂

根据前期开展的除草剂对稻田杂草防治效果试验结果，筛选出以下 11 种药剂，其中 4 种为土壤处理药剂，7 种为茎叶处理药剂。

60% 苄嘧·苯噻酰可湿性粉剂，吉林省八达农药有限公司。

40% 苄嘧·丙草胺可湿性粉剂，吉林省八达农药有限公司。

47% 异丙隆·丙草胺·氯吡嘧可湿性粉剂，江苏省农用激素工程技术研究中心。

35% 苄嘧·丁草胺可湿性粉剂，侨昌现代农业有限公司。

60 克 / 升五氟·氰氟草酯可分散油悬浮剂，美国陶氏益农公司。

25 克 / 升五氟磺草胺可分散油悬浮剂，美国陶氏益农公司。

10% 噁唑·氰氟草酯乳油，苏州富美实植物保护剂有限公司。

36% 二氯·苄嘧可湿性粉剂，吉林省八达农药有限公司。

10% 氰氟草酯乳油，江苏瑞东农药有限公司。

40% 灭草松水剂，江苏剑牌农化股份有限公司。

38% 苄嘧·唑草酮可湿性粉剂，上海杜邦农化有限公司。

（二）试验设计与安排

试验选择山东代表性稻区济宁鱼台和东营利津。其中，济宁鱼台为滨湖区，耕作方式为稻麦轮作；东营利津为沿黄稻区，滨海盐碱地，耕作方式为一季春稻。

鱼台试验田设置在山东鱼台县王庙镇旧城村一连续多年进行稻麦轮作的大田内，水稻于 6 月 22 日进行机插秧，品种为金粳 818。

利津试验田设置在利津县陈庄恒业绿洲家庭农场内，水稻于 5 月 16 日进行机插秧，品种为金粳 818。

（三）试验方法

本试验依据《农药田间药效试验准则（一）除草剂防治水稻田杂草》（GB/T 17980.40—2000）进行。

每个药剂设 1 个最适浓度处理，设不施除草剂的空白对照处理。每个处理 4 次重复。鱼台试验田的土壤处理在机插秧后 5 天，即 6 月 27 日筑埂，同日进行施药，结合施返青肥每亩混合尿素 10 千克进行均匀撒施，并保持 3 ～ 5 厘米水层 5 ～ 7 天；茎叶处理另外选择地块，于 2017 年 7 月 12 日（水稻分蘖期）、杂草 3 ～ 5 叶期施药。利津试验田的土壤处理在机插秧后 5 天即 5 月 21 日筑埂，同日进行施药，结合施返青肥每亩混合尿素 7.5 千克进行均匀撒施，并保持 5 ～ 7 厘米水层 5 ～ 7 天；茎叶处理另外选择地块，于 2017 年 7 月 1 日（水稻分蘖期）、杂草 3 ～ 5 叶期施药。

调查方法为随机取样，每处理小区取样 4 点，每样方面积为 0.25 平方米，即每处理小区取样面积为 1 平方米。药后 15 天调查记录各处理小区的杂草株数，计算株数防效；药后 30 天调查各小区的杂草株数和鲜重，计算株数和鲜重防效。用 SPSS 软件分析，采用 Duncan’s 新复极差法进行多重比较。同列数据后标注不同字母表示差异显著，小写字母代表 $P<0.05$ 的差异显著性（表 3–27 至表 3–30）。

$$\text{株数防效}=\frac{\text{对照区杂草株数}-\text{处理区杂草株数}}{\text{对照区杂草株数}}\times 100\%$$

$$\text{鲜重防效}=\frac{\text{对照区杂草鲜重}-\text{处理区杂草鲜重}}{\text{对照区杂草鲜重}}\times 100\%$$

（四）结果与分析

1. 鱼台机插秧田除草剂土壤处理对杂草的防效

由表 3–27 可以看出，4 种药剂在处理后 30 天的总草株防效均在 85% 以上。47% 异丙隆·丙草胺·氯吡嘧可湿性粉剂 1 800 克 / 公顷处理的防效最高，达 98.06%，其次是 40% 苄嘧·丙草胺可湿性粉剂 1 500 克 / 公顷，为 96.93%，60% 苄嘧·苯噻酰可湿性粉剂 1 350 克 / 公顷的株防效为 90.29%。35% 苄嘧·丁草胺可湿性粉剂的防效最低，株防效为 86.41%。4 种药剂在处理后 30 天对杂草的鲜重防效均比株防效有所提高，这说明，4 种药剂对未杀死的杂草具有一定的抑制生长作用。

根据药后对水稻安全性的调查，在土地平整处的水稻基本没有药害现象发生，但发现低洼处水层较深的地方，40% 苄嘧·丙草胺对被淹没的水稻最为安全，而 60% 苄嘧·苯噻酰和 35% 苄嘧·丁草胺以及 47% 异丙隆·丙草胺·氯吡嘧处理的小区里被淹没的水稻出现叶片发黄的现象，为轻微的药害症状，后期长势逐渐正常。

2. 利津机插秧田除草剂土壤处理对杂草的防效

由表 3–28 可知，40% 苄嘧·丙草胺可湿性粉剂 900 克 / 公顷和 35% 苄嘧·丁草胺 900 克 / 公顷对利津机插秧田中的稗草、莎草、阔叶杂草的株防效均在 85% 以上，总草防效均在 90% 以上。鲜重防效都比株防效稍高，说明两种药剂对未杀死的杂草具有一定的抑制生长作用。

通过药后对水稻安全性的调查，两种药剂对水稻基本没有药害产生。

3. 鱼台机插秧田除草剂茎叶处理对杂草的防效

由表 3–29 可知，60 克 / 升五氟·氰氟草酯可分散油悬浮剂 900 克 / 公顷对鱼台机插秧田总草的防效最高，36% 二氯·苄可湿性粉剂（750 克 / 公顷）+ 10% 氰氟草酯乳油（2 250 克 / 公顷）处理对稗草、千金子、莎草和阔叶杂草防效均较好。由于二氯喹啉酸（36% 二氯·苄可湿性粉剂中的一种有效成分）长期在水稻田应用，杂草对其已经产生了一定程度的抗性，特别是二氯喹啉酸在高温和高剂量使用的情况下，极易产生药害，对水稻产量造成影响。25 克 / 升五氟磺草胺可分散油悬浮剂 1 500 克 / 公顷对稗草、莎草、阔叶杂草均有极高的防效，但对千金子几乎无效，导致总草防效不高。10% 噁唑·氰氟草酯乳油 2 250 克 / 公顷对稗草、千金子防效极高，但对莎草、阔叶杂草几乎无效，导致总草防效较低。各处理的鲜重防效都比株防效稍高，说明 4 种药剂对未杀死的杂草具有一定的抑制生长作用。

通过药后对水稻安全性的调查，36% 二氯·苄可湿性粉剂（750 克 / 公顷）+10% 氰氟草酯乳油（2 250 克 / 公顷）处理有药害现象发生，造成部分水稻心叶呈“葱管”状，其他药剂处理基本无明显的药害。

4. 利津机插秧田除草剂茎叶处理对杂草的防效

由表 3–30 可知，利津机插秧田的杂草主要有稗草、莎草和阔叶杂草，60 克 / 升五氟·氰氟草酯可分散油悬浮剂 2 250 克 / 公顷和 25 克 / 升五氟磺草胺可分散油悬浮剂 1 500 克 / 公顷对稗草、莎草、阔叶杂草均有极高的防效，总草防效相当，株防效分别为 95.45% 和 93.18%。40% 灭草松水剂 3 000 克 / 公顷处理对稗草效果较差，株防效仅为 46.15%，对莎草效果一般，株防效为 73.91%，对阔叶杂草防效较高，株防效为 87.50%。38% 苄嘧·唑草酮可湿性粉剂 90 克 / 公顷处理对阔叶杂草防效极高，达 100%，对莎草效果一般，株防效为 78.26%，对稗草效果较差，株防效仅为 61.54%，总草株防效为 77.27%。各处理的鲜重防效都比株防效稍高，说明 4 种药剂对未杀死的杂草具有一定的抑制生长作用。

通过药后对水稻安全性的调查，4 种药剂对水稻基本没有药害产生。

5. 不同除草剂对水稻产量的影响

对各个处理进行测产，并与人工除草相比较，结果发现，36% 二氯·苄可湿性粉剂（750 克 / 公顷）+10% 氰氟草酯乳油（2 250 克 / 公顷）处理由于苗期药害造成减产 10%，其他各药剂处理的产量均和人工除草差别不大，对产量没有影响。

（五）结论与讨论

山东稻区机插秧田杂草以稗草、千金子、鳢肠、莎草等为主，基本上都是采用“一封二杀三人工”的除草策略，除草剂的使用量越来越大。鱼台、利津两地的杂草种类不同，由于用药习惯的不同，同一种杂草对同一种药剂的敏感性也不同，因此田间防效不一样。在生产过程中，应结合当地的实际情况施药。

根据本试验调查研究，鱼台的机插秧田杂草主要有稗草、千金子、莎草、鳢肠、耳叶水苋、野慈姑等阔叶杂草，可用 40% 苄嘧·丙草胺可湿性粉剂 1 500 克 / 公顷或 47% 异丙隆·丙草胺·氯吡嘧可湿性粉剂 1 800 克 / 公顷于插秧后 5 ～ 7 天拌土或拌肥撒施，持效期达 30 天以上。之后根据杂草情况进行茎叶处理，在杂草 3 ～ 5 叶期时选用 60% 五氟·氰氟草酯可分散油悬浮剂 2 250 克 / 公顷进行喷雾处理，防效高、对水稻安全且持效期可达 30 天以上。47% 异丙隆 · 丙草胺 · 氯吡嘧可湿性粉剂是一种新型三元复配剂，由江苏省农用激素工程技术研究中心研制，对杂草防效高且对水稻较安全，与前人的研究结果一致，但要注意药后水层不能淹没叶心。

利津的机插秧田杂草主要有稗草、莎草（三棱草、异型莎草）和少量阔叶杂草，千金子很少，总草量也不大，多点片发生。可用 40% 苄嘧 · 丙草胺可湿性粉剂 900 克 / 公顷或 35% 苄嘧 · 丁草胺可湿性粉剂 900 克 / 公顷于插秧后 5 ～ 7 天拌土或拌肥撒施，持效期达 30 天以上。之后待杂草 3 ～ 5 叶期时选用 25 克 / 升五氟磺草胺可分散油悬浮剂 1 500 克 / 公顷进行喷雾处理，持效期可达 30 天以上。建议在不同年份轮换使用安全、高效的除草剂品种，可使杂草得到有效防治，且可避免或延缓杂草抗药性的发生。

表 3–27　药后 30 天不同除草剂土壤处理对鱼台机插秧田主要杂草的防效（%）

药剂处理（克 / 公顷）	稗草				千金子				莎草				阔叶杂草				总草			
	株数	株防效	鲜重（克）	鲜重防效	株数	株防效	鲜重（克）	鲜重防效	株数	株防效	鲜重（克）	鲜重防效	株数	株防效	鲜重（克）	鲜重防效	株数	株防效	鲜重（克）	鲜重防效
60% 苄嘧·苯噻酰 WP 1 350	4	89.74 ±2.09 b	24.35	92.03 ±1.20 ab	3	83.33 ±4.54 b	8.96	87.65 ±3.24 c	2	93.33 ±2.72 b	6.15	93.16 ±2.71 b	1	93.75 ±5.10 b	7.86	93.48 ±5.39 b	10	90.29 ±1.12 b	47.32	91.96 ±0.67 b
40% 苄嘧·丙草胺 WP 1 500	2	94.87 ±2.09 a	11.56	96.22 ±1.48 a	0	100 ±0.0 a	0	100 ±0.0 a	0	100 ±0.0 a	0	100 ±0.0 a	1	93.75 ±0.0 b	6.53	94.59 0.21 b	3	96.93 ±0.79 a	18.09	97.09 ±0.78 a
47% 异丙隆·丙草胺·氯吡嘧 WP 1 800	2	94.87 ±2.09 a	10.63	96.52 ±1.32 a	0	100 ±0.0 a	0	100 ±0.0 a	0	100 ±0.0 a	0	100 ±0.0 a	0	100 ±0.0 a	0	100 ±0.0 a	2	98.06 ±0.79 a	10.63	98.19 ±0.69 a
35% 苄嘧·丁草胺 WP 1 500	6	84.62 ±3.63 c	34.28	88.78 ±2.63 b	2	88.89 ±4.54 b	6.38	91.21 ±0.41 b	4	86.67 ±3.85 c	11.52	87.18 ±3.56 c	2	87.50 ±5.10 c	14.12	88.29 ±4.61 c	14	86.41 ±2.38 c	56.30	88.74 ±1.84 b
空白对照	39	—	305.60	—	18	—	72.56	—	30	—	89.85	—	16	—	120.60	—	103	—	588.61	—

表 3-28　药后 30 天不同除草剂土壤处理对利津机插秧田主要杂草的防效（%）

药剂处理（克/公顷）	稗草				莎草				阔叶杂草				总草			
	株数	株防效	鲜重（克）	鲜重防效	株数	株防效	鲜重（克）	鲜重防效	株数	株防效	鲜重（克）	鲜重防效	株数	株防效	鲜重（克）	鲜重防效
40% 苄嘧·丙草胺 WP 900	1	93.75±0.0 a	6.22	95.38±0.23 a	1	96.30±0.0 a	2.67	97.22±0.21 a	1	92.31±0.0 a	4.42	93.24±0.52 a	3	94.64±0.0 a	13.30	95.50±0.07 a
35% 苄嘧·丁草胺 WP 900	2	87.50±5.10 b	13.33	90.04±3.68 b	2	92.59±3.03 b	6.37	93.38±3.00 b	1	92.31±6.28 a	4.66	92.88±5.95 a	5	91.07±1.46 b	24.35	91.76±1.13 b
空白对照	16	—	133.76	—	27	—	96.12	—	13	—	65.39	—	56	—	295.27	—

表 3-29　药后 30 天不同除草剂茎叶处理对鱼台机插秧田主要杂草的防效（%）

药剂处理（克/公顷）	稗草				千金子				莎草				阔叶杂草				总草			
	株数	株防效	鲜重（克）	鲜重防效	株数	株防效	鲜重（克）	鲜重防效	株数	株防效	鲜重（克）	鲜重防效	株数	株防效	鲜重（克）	鲜重防效	株数	株防效	鲜重（克）	鲜重防效
60 克/升五氟·氰氟草酯 OD 2 250	2	94.29 ±2.33 b	15.13	94.77 ±1.98 b	0	100 ±0.0 a	0	100 ±0.0 a	2	92.31 ±3.14 b	6.15	93.20 ±2.65 b	1	94.74 ±0.0 a	7.53	95.19 ±0.08 a	5	95.05 ±1.62 a	28.32	95.43 ±1.31 a
25 克/升五氟磺草胺 OD 1 500	0	100 ±0.0 a	0	100 ±0.0 a	17	19.05 ±5.50 c	75.97	19.79 ±5.05 c	0	100 ±0.0 a	0	100 ±0.0 a	1	94.74 ±4.3 a	7.46	95.23 ±3.80 a	18	82.18 ±1.81 c	83.43	86.77 ±1.31 b
10% 噁唑·氰氟草酯 EC 2 250	0	100 ±0.0 a	0	100 ±0.0 a	0	100 ±0.0 a	0	100 ±0.0 a	23	11.54 ±7.02 c	77.91	13.90 ±6.95 c	17	10.52 ±9.61 b	135.18	13.55 ±9.35 b	40	60.40 ±3.61 d	231.09	66.21 ±3.32 c
36% 二氯·苄 WP+10% 氰氟草酯 EC 750+2 250	4	88.57 ±2.34 c	30.41	89.48 ±1.70 c	3	85.71 ±6.74 b	12.22	87.10 ±5.87 b	3	88.46 ±3.14 b	9.28	89.74 ±2.90 b	2	89.47 ±4.30 a	15.06	90.37 ±4.07 a	12	88.12 ±2.80 b	66.96	89.38 ±2.27 b
空白对照	35	—	289.1	—	21	—	94.71	—	26	—	90.48	—	19	—	156.37	—	101	—	630.66	—

表 3-30　药后 30 天不同除草剂茎叶处理对利津机插秧田主要杂草的防效（%）

药剂处理（克 / 公顷）	稗草				莎草				阔叶杂草				总草			
	株数	株防效	鲜重（克）	鲜重防效	株数	株防效	鲜重（克）	鲜重防效	株数	株防效	鲜重（克）	鲜重防效	株数	株防效	鲜重（克）	鲜重防效
60 克 / 升五氟·氰氟草酯 OD 2 250	0	100 ±0.0 a	0	100 ±0.0 a	2	91.30 ±3.55 a	9.97	92.33 ±2.82 a	0	100 ±0.0 a	0	100 ±0.0 a	2	95.45 ±1.86 a	9.97	96.38 ±1.32 a
25 克 / 升五氟磺草胺 OD 1 500	1	92.31 ±6.28 a	6.58	94.17 ±4.60 a	2	91.30 ±0.0 a	10.17	92.18 ±0.19 a	0	100 ±0.0 a	0	100 ±0.0 a	3	93.18 ±1.85 a	16.74	93.93 ±1.85 a
40% 灭草松 AS 3 000	7	46.15 ±6.27 c	52.54	53.44 ±2.78 c	6	73.91 ±3.55 b	28.97	77.71 ±3.05 c	1	87.50 ±10.21 b	2.98	90.96 ±8.33 b	14	68.18 ±4.15 c	84.49	69.36 ±2.77 c
38% 苄嘧·唑草酮 WP 90	5	61.54 ±6.28 b	34.18	69.71 ±5.52 b	5	78.26 ±3.55 b	20.37	84.33 ±3.08 b	0	100 ±0.0 a	0	100 ±0.0 a	10	77.27 ±3.21 b	54.55	80.22 ±2.94 b
空白对照	13	—	112.84	—	23	—	129.95	—	8	—	32.96	—	44	—	275.75	—

二、除草剂对旱直播稻田杂草的防效及安全性评价研究

随着灌溉用水的日趋紧张和农村劳动力的短缺，节水、轻简化的水稻旱直播种植模式优势突出，在世界各地的种植面积不断增加。直播水稻出苗后，多数适逢高温多雨季节，旱地杂草和水田杂草都能生长，杂草发生较早、较快、较齐，与水稻争肥争光，影响稻苗生长，成为威胁直播水稻生存的主要风险之一。如果防除不当，草荒极易导致直播稻田严重减产甚至绝收。本试验选取 5 种土壤处理除草剂和 5 种茎叶处理除草剂，开展了对旱直播稻田杂草的防效和安全性评价试验，为安全有效地控制旱直播稻田杂草提供科学依据和技术指导。

（一）试验药剂

根据前期试验中除草剂对稻田杂草的防治效果，筛选出 10 种药剂，其中 5 种为土壤处理药剂，5 种为茎叶处理药剂，基本信息见表（表 3–31）。

表 3–31　供试除草剂基本信息

除草剂	生产厂家	施用剂量（克 / 亩）	施用时间	施用方法
40% 苄嘧·丙草胺可湿性粉剂	吉林省八达农药有限公司	100	水稻播种后 3 天	土壤喷雾
35% 苄·丁可湿性粉剂	吉林省八达农药有限公司	100	水稻播种后 3 天	土壤喷雾
60% 丁·噁乳油	江苏瑞东农药有限公司	100	水稻播种后 3 天	土壤喷雾
38% 噁草酮·丙草胺乳油	青岛现代农化有限公司	100	水稻播种后 3 天	土壤喷雾

（续表）

除草剂	生产厂家	施用剂量（克/亩）	施用时间	施用方法
33%二甲戊灵乳油	江苏龙灯化学有限公司	200	水稻播种后3天	土壤喷雾
60%五氟·氰氟草酯可分散油悬浮剂	陶氏益农农业科技（江苏）有限公司	150	水稻3叶1心，杂草2～3叶	茎叶喷雾
20%噁唑·灭草松微乳剂	苏州富美实植物保护剂有限公司	220	水稻3叶1心，杂草2～3叶	茎叶喷雾
36%二氯·苄+10%氰氟草酯	吉林省八达农药有限公司	（50+150）*	水稻3叶1心，杂草2～3叶	茎叶喷雾
9%嘧肟·氰氟草微乳剂	苏州富美实植物保护剂有限公司	100	水稻3叶1心，杂草2～3叶	茎叶喷雾
10%噁唑·氰氟草酯乳油	苏州富美实植物保护剂有限公司	150	水稻3叶1心，杂草2～3叶	茎叶喷雾

注：* 为2种药剂复配的分别施用剂量。

（二）试验设计与安排

试验地设置在山东临沂市河东区太平街道八间屋村稻田。耕作方式均为稻麦轮作。田间杂草主要有禾本科杂草（如稗草、千金子、马唐等）、阔叶杂草（如醴肠、耳叶水苋等）、莎草（如异型莎草、头状穗莎草）。水稻于2018年6月17日播种，品种为津原85，条播，用种每亩6.5千克，均匀撒播，浅覆土1.5～2.0厘米（以盖严种子为宜）。播种后浇透水。

本试验共 14 个处理，每个处理 4 次重复。其中，10 个药剂处理，2 个人工除草处理和 2 个空白对照处理。药剂处理分土壤喷雾处理和茎叶喷雾处理，分别设置 1 个人工除草处理和 1 个空白对照处理。人工除草处理分别在茎叶喷雾处理施药时和各处理杂草防效调查时进行；空白对照处理不进行任何除草处理，杂草自然生长。

（三）试验方法

本试验依据《农药田间药效试验准则（一）除草剂防治水稻田杂草》（GB/T 17980.40—2000）进行。土壤喷雾处理于 2018 年 6 月 20 日施药 1 次，此时无杂草，水稻处于播后苗前。茎叶喷雾处理于 2018 年 7 月 3 日施药 1 次，杂草 2 ～ 3 叶期，水稻处于 3 叶 1 心期。

调查方法为随机取样，每处理小区取样 4 点，每样方面积为 0.25 平方米，即每处理小区取样面积为 1 平方米。药后 15 天调查记录各处理小区的杂草株数，计算株数防效，药后 30 天调查各小区的杂草株数和鲜质量，计算株数和鲜质量防效。用 SPSS 16.0 软件分析，采用 Duncan's 新复极差法进行多重比较。

$$株数防效=\frac{对照区杂草株数-处理区杂草株数}{对照区杂草株数}\times 100\%$$

$$鲜质量防效=\frac{对照区杂草鲜质量-处理区杂草鲜质量}{对照区杂草鲜质量}\times 100\%$$

（四）结果与分析

1. 不同药剂土壤处理对杂草的防除效果

由表 3-32 可知，5 种除草剂在处理后 30 天的总草株防效均在86%以上。33%二甲戊灵乳油3 000克/公顷的防效最高，其次为38%噁草酮·丙草胺乳油1 500克/公顷处理、40%苄嘧·丙草胺可湿性粉剂1 500克/公顷处理、60%丁·噁乳油1 500克/公顷处理，这4种药剂处理的总草株防效在91.88%～94.09%，相互之间差异不显著；35%苄·丁可湿性粉剂1 500克/公顷处理的总草株防效最低，为86.58%。

5种药剂在处理后30天对杂草的鲜质量防效均比株防效有所提高，说明这5种药剂对未杀死的杂草具有一定的抑制生长作用。

根据药后对水稻安全性的调查，40%苄嘧·丙草胺和33%二甲戊灵乳油对盖种不严的水稻稻谷有抑制发芽的作用，而60%丁·噁乳油、38%噁草酮·丙草胺乳油对积水处的水稻有药害，造成水稻苗发黄，长势缓慢。

2. 不同药剂茎叶处理对直播田杂草的防效

由表3–33可知，60克/升五氟·氰氟草酯可分散油悬浮剂2 250克/公顷对总草的防效最高，其次为9%嘧肟·氰氟草微乳剂1 500克/公顷、20%噁唑·灭草松微乳剂3 300克/公顷、36%二氯·苄可湿性粉剂750克/公顷＋10%氰氟草酯乳油2 250克/公顷，这4种药剂处理的总草株防效在89.69%～96.25%，相互之间差异不显著；10%噁唑·氰氟草酯乳油2 250克/公顷处理对禾本科杂草高效，但对莎草和阔叶杂草防效较低，总草株防效仅为52.26%。5种药剂在处理后30天对杂草的鲜质量防效均比株防效有所提高，说明5种药剂对未杀死的杂草具有一定的抑制生长作用。

通过药后对水稻安全性的调查，36%二氯·苄可湿性粉剂750克/公顷＋10%氰氟草酯乳油2 250克/公顷处理有药害现象发生，造成部分水稻心叶呈“葱管”状，其他药剂处理基本无明显的药害。

表 3–32　药后 30 天不同除草剂土壤处理对旱直播稻田主要杂草的防效

药剂处理 /（克 / 公顷）	禾本科杂草				莎草				阔叶杂草				总草			
	株数（株）	株防效（%）	鲜质量（克）	鲜质量防效（%）	株数（株）	株防效（%）	鲜质量（克）	鲜质量防效（%）	株数（株）	株防效（%）	鲜质量（克）	鲜质量防效（%）	株数（株）	株防效（%）	鲜质量（克）	鲜质量防效（%）
40% 苄嘧·丙草胺可湿性粉剂 1 500	5.25	92.11±3.01 a	21.07	94.47±2.26 a	1.25	94.54±7.06 a	6.65	96.32±4.72 a	4.25	88.23±5.94 ab	12.59	91.98±3.93 ab	10.75	92.20±1.36 a	40.31	94.84±1.22 a
35% 苄·丁可湿性粉剂 1 500	9.25	85.97±4.26 b	38.56	89.77±3.00 b	3.00	90.63±5.56 a	15.88	93.33±4.22 a	6.00	85.08±4.05 b	19.47	88.87±3.74 b	18.25	86.58±2.58 b	73.90	90.52±1.69 b
60% 丁·噁乳油 1 500	4.25	93.63±3.17 a	16.63	95.69±2.19 a	2.50	90.47±7.98 a	13.09	93.55±5.23 a	2.75	91.88±6.85 ab	8.33	94.23±5.25 ab	4.25	91.88±2.35 a	38.05	95.14±1.96 a
38% 噁草酮·丙草胺乳油 1 500	4.50	93.09±4.01 a	17.12	95.40±2.83 a	3.75	85.65±11.75 a	20.40	89.97±7.59 a	1.50	95.91±3.27 a	3.94	97.56±1.93 a	9.75	92.81±2.00 a	41.45	94.66±1.15 a
33% 二甲戊灵乳油 3 000	2.25	96.84±2.85 a	8.02	97.99±1.78 a	1.75	94.13±4.75 a	8.35	96.32±3.00 a	4.25	88.34±6.88 ab	12.85	91.78±4.85 ab	8.25	94.09±2.34 a	29.22	96.32±1.30 a
空白对照	67.00		382.65		31.75		234.87		39.00		168.80		137.75		786.31	

注：同列数据后不同小写字母表示差异显著（$P < 0.05$）。

表 3–33　药后 30 天不同除草剂茎叶处理对旱直播稻田主要杂草的防效

药剂处理（克 / 公顷）	禾本科杂草				莎草				阔叶杂草				总草			
	株数（株）	株防效（%）	鲜质量（克）	鲜质量防效（%）	株数（株）	株防效（%）	鲜质量（克）	鲜质量防效（%）	株数（株）	株防效（%）	鲜质量（克）	鲜质量防效（%）	株数（株）	株防效（%）	鲜质量（克）	鲜质量防效（%）
60 克 / 升五氟·氰氟草酯可分散油悬浮剂 2 250	2.25	96.85±2.16 b	11.62	97.62±1.60 b	0.75	97.99±2.70 a	4.53	98.49±2.01 a	2.75	92.67±2.58 a	10.82	94.46±2.15 a	5.75	96.25±1.61 a	26.97	97.41±1.22 a
20% 噁唑·灭草松微乳剂 3 300	0	100.00±0.00 a	0.00	100.00±0.00 a	5.50	85.71±8.18 a	36.81	88.41±6.22 a	4.00	90.02±2.42 a	15.29	92.74±1.30 a	9.50	93.77±2.13 a	52.09	94.96±1.77 a
36% 二氯·苄可湿性粉剂 +10% 氰氟草酯乳油 750+2 250	8.00	88.62±2.31 d	40.56	91.58±1.86 d	3.50	91.28±4.03 a	22.38	93.29±3.01 a	3.25	89.69±9.27 a	14.07	91.17±8.86 a	8.00	89.69±2.42 a	77.00	92.44±1.84 a
9% 嘧肟·氰氟草微乳剂 1 500	4.00	94.30±0.28 c	20.30	95.81±0.39 c	1.50	96.34±3.24 a	9.63	97.05±2.80 a	0.75	97.78±1.96 a	3.08	98.23±1.70 a	6.25	95.79±1.27 a	33.00	96.73±1.10 a

（续表）

药剂处理（克/公顷）	禾本科杂草				莎草				阔叶杂草				总草			
	株数（株）	株防效（%）	鲜质量（克）	鲜质量防效（%）	株数（株）	株防效（%）	鲜质量（克）	鲜质量防效（%）	株数（株）	株防效（%）	鲜质量（克）	鲜质量防效（%）	株数（株）	株防效（%）	鲜质量（克）	鲜质量防效（%）
10% 噁唑·氰氟草酯乳油 2 250	0	100.00±0.00 a	0.00	100.00±0.00 a	38.00	8.52±19.10 b	298.17	13.55±15.50 b	35.50	12.49±18.81 b	175.62	18.99±11.61 b	73.50	52.26±11.39 b	473.79	55.09±9.98 b
空白对照	69.75		479.29		41.50		342.36		40.25		215.15		151.50		1 036.80	

注：同列数据后不同小写字母表示差异显著（$P<0.05$）。

3. 不同除草方式对水稻产量的影响

对各个处理进行测产，并与人工除草相比较，结果（表3-34、表3-35）发现，土壤处理的5个药剂对水稻产量影响较小，差异均不显著。茎叶处理的5个药剂中，由于10%噁唑·氰氟草酯乳油2 250克/公顷处理对莎草和阔叶杂草防效低造成减产22.22%，产量显著低于人工除草和其他药剂处理（$P<0.05$）；36%二氯·苄可湿性粉剂（750克/公顷）+10%氰氟草酯乳油（2 250克/公顷）处理由于苗期药害造成减产8.79%，产量显著低于人工除草处理（$P<0.05$）；其他各药剂处理的产量均和人工除草差别不大，对产量影响不显著。

表3-34 不同除草剂土壤处理对旱直播水稻产量的影响

药剂处理（克/公顷）	实测每10平方米产量（千克）	折合小区产量（千克）	折合产量（千克/亩）	增产率（%）
40%苄嘧·丙草胺可湿性粉剂1 500	7.60±0.66 a	15.19±1.32 a	506.59±44.05 a	–3.55
35%苄·丁可湿性粉剂1 500	7.67±0.26 a	15.34±0.53 a	511.42±17.56 a	–2.63
60%丁·噁乳油1 500	7.47±0.15 a	14.95±0.29 a	498.42±9.72 a	–5.11
38%噁草酮·丙草胺乳油1 500	7.40±0.29 a	14.80±0.58 a	493.41±19.29 a	–6.06
33%二甲戊灵乳油3 000	7.42±0.35 a	14.84±0.90 a	494.75±30.03 a	–5.81
人工除草	7.88±0.35 a	15.75±0.71 a	525.26±23.58 a	—

注：同列数据后不同小写字母表示差异显著（$P<0.05$）。

表 3–35　不同除草剂茎叶处理对旱直播水稻产量的影响

药剂处理（克 / 公顷）	实测每 10 平方米产量（千克）	折合小区产量（千克）	折合产量（千克 / 亩）	增产率（%）
60 克 / 升五氟·氰氟草酯可分散油悬浮剂 2 250	7.68±0.39 ab	15.35±0.78 ab	511.92±26.03 ab	–1.85
20% 噁唑·灭草松微乳剂 3 300	7.60±0.45 ab	15.20±0.90 ab	506.76±29.99 ab	–2.84
36% 二氯·苄可湿性粉剂 +10% 氰氟草酯乳油 750+2 250	7.13±0.13 b	14.27±0.26 b	475.74±8.77 b	–8.79
9% 嘧肟·氰氟草微乳剂 1 500	7.54±0.49 ab	15.07±0.99 ab	502.59±32.96 ab	–3.64
10% 噁唑·氰氟草酯乳油 2 250	6.08±0.40 c	12.17±0.81 c	405.70±26.86 c	–22.22
人工除草	7.82±0.45 a	15.64±0.89 a	521.59±29.83 a	—

注：同列数据后不同小写字母表示差异显著（$P < 0.05$）。

（五）结论与讨论

直播稻田杂草是限制水稻直播技术推广的首要因素，成为直播稻生产研究的一个热点。随着除草剂使用量的加大和不合理使用等原因，导致作物药害频繁发生、杂草抗药性迅速发展，筛选安全、高效的除草剂，根据当地杂草情况开展因地制宜的防除措施，尤为重要。

山东稻区直播田杂草种类繁多，禾本科杂草以稗草、千金子为主，阔叶杂草以鳢肠为主，莎草以异性莎草、头状穗莎草等为主，基本上都是采用“一封二杀三人工”的除草原则。“一封”是指在播后苗前土壤封闭处理，通常选择封闭效果好、杀草谱较广的除草剂，全面防除稻田杂草；“二杀”是指在水稻分蘖期进行茎叶喷雾，针对不同杂草种类和发生情况选择药剂喷施；“三人工”是指在水稻生长后期对个别残存的大龄杂草进行人工除草。

本试验结果表明，“一封”可选用33%二甲戊灵乳油3 000克/公顷、38%噁草酮·丙草胺乳油1 500克/公顷、40%苄嘧·丙草胺可湿性粉剂1 500克/公顷、60%丁·噁乳油1 500克/公顷于播后苗前进行土壤喷雾，防效高，对水稻安全且持效期可达30天以上；但要注意播种时覆土、不露种子，药后水层不能淹没叶心；由于35%苄·丁可湿性粉剂在山东稻区应用较多，防效有所下降。“二杀”在杂草2～5叶期进行，多种杂草混合发生的田块，可选用60克/升五氟·氰氟草酯可分散油悬浮剂2 250克/公顷、20%噁唑·灭草松微乳剂3 300克/公顷、9%嘧肟·氰氟草微乳剂1 500克/公顷喷施；以禾本科为主的田块可选用10%噁唑·氰氟草酯乳油2 250克/公顷进行茎叶喷雾，对稗草、千金子和马唐等都有极高的防效。36%二氯·苄可湿性粉剂（750克/公顷）+10%氰氟草酯乳油（2 250克/公顷）处理对稗草、千金子、莎草和阔叶杂草防效均较好。由于二氯喹啉酸长期在水稻田应用，杂草对其已经产生了一定程度的抗性，特别是二氯喹啉酸在高温和高剂量使用的情况下，极易产生药害，对水稻产量造成影响。本试验中选择的剂量仅能达到总草株防89.69%，但仍出现药害并造成水稻8.79%的减产，这说明，该药剂已不适合在本稻区大面积推广使用。

综上，在了解具体草相和药剂对杂草的防除效果的基础上，采用前期土壤药剂封闭和苗后茎叶处理两者相结合的化学防治措施可以有效防治旱直播稻田间杂草。注意每一种除草剂在当季只能使用1次，建议在不同年份轮换使用不同除草剂品种，可使杂草得到有效防除并可延缓杂草抗药性的发生。

第四章

山东稻区农药减施增效技术及应用

第一节　山东稻区农药减施增效技术

一、水稻生育前期措施

水稻生育前期从5月中旬至7月中旬，具体稻田还有差异。东营部分工厂化育秧从4月中下旬开始。分为播种前、播种后至分蘖前两大阶段。插秧种植模式又分为秧田和本田两个场所。

（一）播种前

1. 选用抗病品种

从国审或省审品种中，根据当地历年来主要病害（稻瘟病、恶苗病、纹枯病、稻曲病、条纹叶枯病等）发生情况，选择适合的稳产、高产品种。

2. 种子处理

根据当地稻田历年种植过程中苗期常发病害情况，选择在当地防效好且对种子发芽安全的药剂进行种子处理。可在播种前选用35%噻虫·咪鲜胺悬浮种衣剂200毫升/100千克种子进行种子包衣处理，预防稻飞虱（稻蓟马、稻瘿蚊等）和恶苗病；选用10%精甲霜灵·嘧菌酯·戊唑醇种子处理悬浮剂300克/100千克种子进行种子包衣处理，预防烂秧病和恶苗病；选用24.1%肟菌·异噻胺悬浮种衣剂20毫升/千克种子拌种，晾干后再用清水浸种，预防恶苗病和立枯病；选用41.7%氟吡菌酰胺悬浮剂20毫升/100千克种子进行浸种处理，预防干尖线虫病。

3. 秧田管理

秧田要排灌方便，施足基肥，培育壮秧。要根据水稻安全生育期，安排播栽期，将水稻易感病的关键生育期（孕穗后期至乳熟期）避开有利于病虫害发生、流行的温暖、高湿的气候条件。

4. 本田管理

旋耕整地，力保土地平整，清除杂草种子，施足底肥。在田埂种植香根草，每亩 240 棵，适当浇水和施肥，用于诱集二化螟雌蛾产卵。

（二）播种后至分蘖前

1. 主要病害防控措施

为预防苗叶瘟，在秧苗 3 ～ 4 叶期或移栽前 3 ～ 5 天，可选用 20% 三环唑可湿性粉剂 1 125 克 / 公顷兑水 750 千克均匀喷雾，或选用 60% 多菌灵可湿性粉剂 900 克 / 公顷兑水 750 千克均匀喷雾。

关注恶苗病发生情况，如发现恶苗病病株，及时拔除。

关注胡麻叶斑病的发生，若发现发病中心，则及时全田施药，可选用 30% 苯醚甲环唑 · 丙环唑 15 ～ 20 毫升 / 亩，兑水喷雾。施药的同时加磷酸二氢钾，或撒施钾肥，适当配点尿素。

2. 主要害虫防控措施

主要防控对象为稻飞虱、稻蓟马等。可选用 20% 呋虫胺悬浮剂 30 克 / 亩、50% 吡蚜酮水分散粒剂 16 克 / 亩、25% 噻虫嗪水分散粒剂 4 克 / 亩进行喷施。

3. 杂草防除措施

直播田于播种后 2 ～ 4 天、水稻出芽前进行土壤封闭处理，可选用 40% 苄嘧 · 丙草胺可湿性粉剂 60 克 / 亩、33% 二甲戊灵乳油 200 克 / 亩、60% 丁 · 噁乳油 100 克 / 亩于播后 3 天内田面无积水时进行土壤喷雾，施药后保持 5 ～ 7 厘米水层 5 ～ 7 天。

移栽田于插秧后 5 ～ 7 天（水稻缓苗后）施药，可选用 35% 苄嘧 · 丁草胺可湿性粉剂 60 克 / 亩、47% 异丙隆 · 丙草胺 · 氯吡嘧可湿性粉剂 120 克 / 亩、60% 苄嘧 · 苯噻酰 90 克 / 亩拌土或拌肥撒施，施药后保持 5 ～ 7 厘米水层 5 ～ 7 天。

二、水稻生育中期措施

水稻生育中期从 7 月中旬至 8 月中旬，从水稻分蘖至孕穗前，此阶段是营养生长期。

（一）主要病害防控措施

此阶段重点关注纹枯病发生情况，一般在水稻分蘖盛期开始发生，在达到防治指标时，喷施 20% 井冈霉素可湿性粉剂 50 ～ 62.5 克 / 亩 1 ～ 2 次。

密切关注恶苗病、稻瘟病、胡麻叶斑病发生情况，防控选用药剂同一（二）1.，由于苗龄增长，适当增加用药量。

（二）主要害虫防控措施

1. 物理防治

7 月中旬在田间安装性诱装置，每亩 1 套，每套装置内安装 1 个稻纵卷叶螟专用诱芯，持效期 3 个月，用于测报和诱杀稻纵卷叶螟雄蛾，及时掌握稻纵卷叶螟迁飞动态并减少交配量，从而控制稻纵卷叶螟危害。

2. 生物防治

7 月下旬起，释放稻螟赤眼蜂卵卡，每张卵卡 1 000 头蜂，每次每亩的放蜂量在 8 000 头左右，根据稻纵卷叶螟发生情况释放 1 ～ 4 次。

3. 化学防治

此阶段稻田害虫主要有稻纵卷叶螟、二化螟、稻苞虫等鳞翅目害虫，可以使用同类药剂兼防。当达到防治指标时，选用 8 000 IU/ 微升苏云金杆菌悬浮剂 150 克 / 亩、0.3% 印楝素乳油 150 克 / 亩、2% 甲氨基阿维菌素苯甲酸盐微乳剂 10 毫升 / 亩、20% 氯虫苯甲酰胺悬浮剂（康宽）10 毫升 / 亩喷施。

（三）杂草防除措施

在杂草 3 ～ 5 叶期，可选用 60 克 / 升五氟 · 氰氟草酯可分散油悬浮剂 60 毫升 / 亩或 20% 噁唑 · 灭草松微乳剂 220 克 / 亩进行茎叶喷雾。

三、水稻生育后期措施

水稻生育后期从 8 月中旬至 10 月中下旬，从水稻孕穗至成熟收获，此阶段是水稻生殖生长、产量形成的关键生育期，也是病虫害复合发生、对水稻造成影响最大的时期。

（一）主要病害防控措施

1. 关注纹枯病发生情况，一般在抽穗期达到防治指标时，施药防治，药剂选用同二（一）纹枯病防治选用的药。

2. 重点防控穗颈瘟、稻曲病，穗颈瘟防控药剂同二（一）中的同样病害对应的药剂，适当增加用药量；稻曲病以预防为主，在水稻破口期和齐穗期各喷施 1 次 2% 春雷霉素水剂 90 克 / 亩。

恶苗病、胡麻叶斑病的防治同二（一）中的同样病害对应的药剂。

（二）主要害虫防控措施

1. 防治稻纵卷叶螟、二化螟

同二（二）。

2. 防治稻飞虱

可选用 20% 呋虫胺悬浮剂 30 克 / 亩、50% 吡蚜酮水分散粒剂 16 克 / 亩、25% 噻虫嗪水分散粒剂 4 克 / 亩进行喷施。

（三）杂草防除

采用人工除草方法，经过前面的“一封”和“二杀”，稻田杂草一般较少，而残留的少数杂草不影响水稻产量。若杂草较多，采用人工除草方法拔除，不可施药，此阶段水稻对除草剂极为敏感，很容易因为除草剂的影响造成幼穗分化受阻、花粉母细胞分化失败以及花粉活性降低造成大量的空壳粒，影响水稻抽穗和结实。

第二节　试验示范推广与宣传报道

一、济宁滨湖稻区试验示范推广

1. 于 2019 年 4 月至 2020 年 11 月在济宁市任城区农丰农作物种植专业合作社（济宁市任城区唐口街道杨庄村）开展了水

稻农药减施增效综合技术的田间示范工作（附图 4–1）。

2019 年开展了绿色高效药剂筛选试验、绿色防控技术研究（性诱剂防治稻纵卷叶螟、香根草诱集二化螟）和农药减施技术集成验证试验，并进行了示范推广。核心示范区面积为 800 亩，示范品种为圣稻 18。核心示范区水稻农药减施综合技术方案核心为病虫草害绿色防控技术：选用抗病品种；田埂种植香根草，每亩 240 棵；每亩安装性诱捕器 1 套，诱芯持效期 3 个月。

2019 年 9 月 23 日，山东省水稻研究所邀请省内有关专家组成水稻测产验收专家组，对所承担的“山东稻区农药减施增效技术集成与示范”课题进行了测产验收。按照《山东省粮油高产创建测产验收办法》（试行），专家组在示范区采取了 5 点取样法，进行了水稻亩有效穗数和穗实粒数调查，同时调查了当地常规管理的水稻对照田亩有效穗数和穗实粒数。测产结果如下：核心示范区平均亩有效穗数为 20.67 万穗，平均穗实粒数为 146 粒，千粒重取该品种近 3 年平均值 26.6 克，乘以系数 0.85，得理论亩产为 682.33 千克。水稻对照田平均亩有效穗数 20.31 万穗，穗实粒数为 135 粒，千粒重取品种近 3 年平均值 26.6 克，乘以系数 0.85，得理论亩产为 619.93 千克。与对照相比，核心示范基地化学农药用量减施 35%，水稻亩均增产 62.39 千克，增产率 9.14%。

2020 年依据山东稻区主要病虫害发生情况，通过病虫草害绿色防控技术减少化学农药用量，达到农药减施增效的目的。

上述农药减施增效技术在济宁市任城区农丰农作物种植专业合作社合计示范推广 8 000 亩。示范区在农药减施增效方面取得了良好的效果，示范区内农药利用率提高了 16%，化学农药减量 35%，水稻平均增产 6.2%。

2. 于 2019 年 4—11 月在济宁市两河家庭农场开展了水稻农药减施增效技术的集成和示范工作（附图 4–2）。

开展了绿色防控技术（香根草诱集二化螟、性诱剂防治稻纵卷叶螟）等农药减施技术集成验证试验，并进行了示范推广。技术核心是在配方施肥技术的基础上，通过一次性施用水稻专用缓释氮肥来减少 20% 的氮肥投入，再通过病虫害绿色防控技术减少化学农药用量，达到农药减施增效的目的。示范区总面积 3 000 亩，示范区化学农药利用率提高 12.5%，化学农药减量 32%，水稻平均增产 6.3%。

3. 于 2020 年 5—11 月在济宁市鱼台县博森家庭农场开展了水稻农药减施增效综合技术的田间示范工作（附图 4–3）。

根据 2018 —2019 年的试验示范结果，依据山东稻区主要病虫害，在集成农药减施增效关键技术的基础上，构建了性诱剂高效应用农药减施增效技术模式。技术核心是通过高效应用性诱剂防治稻纵卷叶螟、绿色高效药剂科学使用防治其他病虫草害，从而减少农药用量，达到农药减施增效的目的。示范区总面积 5 000 亩，示范区化学农药利用率提高 13%，化学农药减量 33.3%，水稻平均增产 6.4%。

二、临沂库灌稻区试验示范推广

1. 于 2018 年 4 月至 2020 年 11 月在临沂市河东区丰田水稻种植专业合作联合社开展了水稻农药减施增效综合技术的田间试验和示范工作（附图 4–4）。

2018—2019 年开展了水稻抗病品种筛选、安全高效除草剂筛选、性诱剂防治稻纵卷叶螟（二化螟）效果试验、香根草诱集二化螟试验和农药减施技术集成试验，并进行了示范推广。

2020年，形成了病虫草害绿色防控的农药减施增效技术模式，技术核心是通过病虫草害绿色防控技术减少化学农药用量，实现农药减施增效。合计示范推广10 000亩，示范区在农药减施增效方面取得了良好的效果，示范区内农药利用率提高了15%，化学农药减量33%，水稻平均增产5.7%。

2. 于2021—2022年在临沂市费县探沂镇黑土湖村和旺山前村开展了性诱剂诱控稻纵卷叶螟技术田间示范推广工作，核心示范面积累计400余亩，化学农药使用2次，推广带动绿色防控技术推广1 000余亩（附图4–5）。

开展了“性诱剂诱控稻纵卷叶螟技术”“水稻病虫害绿色防控技术”“农药减施增效技术”培训3场次，合计200余人参加会议。制作并发放《山东稻麦轮作区稻田农药减施增效技术指导手册》200余本，制定并发布《费县水稻病虫害绿色防控技术规程》1套，详细宣传了农药减施的政策和方式（附图4–6、附图4–7）。

三、沿黄稻区试验示范推广

1. 在东营市利津县陈庄恒业绿洲家庭农场和东营市一邦农业科技开发有限公司永安镇二十八村示范基地对香根草防治二化螟技术、性诱剂诱杀害虫技术和绿色药剂科学使用技术进行了集成应用。2018年各进行了100亩技术集成的核心示范，结果表明，本技术可减少农药使用2次，农药减施量达20%。

以黄河三角洲病虫害绿色防控技术为核心的山东稻区农药减施增效技术于2019年在东营市进行了大面积的示范与推广，其中在东营市利津县陈庄恒业绿洲家庭农场示范面积为500亩，在东营市一邦农业科技开发有限公司永安镇二十八村示范基地的示范面积为 300 亩。累计示范面积 1 000 亩，辐射带动周边 18 万亩。

2. 2018 年 9 月 29 日，山东省水稻研究所和东营市农业科学研究院联合召开了“滨海盐碱地优质水稻绿色防控技术培训及现场观摩会”，会上作了《黄河三角洲水稻主要病虫草害发生与科学防治》的报告，现场观摩了水稻病虫害绿色防控技术示范试验，培训了黄河三角洲水稻病虫害绿色防控技术，100 余人次参加了培训。制作了《黄河三角洲水稻病虫草害绿色防控指导手册》，给基层技术人员和种植大户、农民等累计发放 1 000 余册（附图 4–8）。

四、宣传报道

1. 2019 年 7 月 24 日，山东稻区农药减施增效技术在山东广播电视台乡村广播《12396 科技热线》节目进行了宣传报道（附图 4–9）。

2. 2019 年 9 月 23 日，由山东省水稻研究所主办，联合山东省农业科学院农业资源与环境研究所、济宁市农业科学研究院协办的山东稻区化肥农药减施增效技术集成与示范现场观摩及技术培训在济宁市召开。辽宁省农业科学院、山东省植物保护总站等 13 家单位的 100 多名专家、技术人员等参加了活动。制作了《山东稻麦轮作区水稻主要病虫草害发生与绿色防控技术指导》手册，发放给水稻种植大户合计 600 余本，受到了广大农户的欢迎和认可。

本次现场观摩会展示了“山东稻区农药减施增效技术集成与示范”的创新成果和应用成效，专家组对示范区水稻进行了测产验收，对该集成技术的农药减施增效效果给予了高度评价，建议形成一套生产模式，大面积推广应用。课题主持人对技术人员、家庭农场和种粮大户进行了技术要点的培训。

山东乡村广播《12396 科技热线》进行了全程报道（附图 4–10）。

3. 2020 年 11 月 16 日山东稻区农药减施增效技术在山东广播电视台农科频道《农资超市》栏目进行了专题报道（附图 4–11）。

第三节　山东稻区农药减施增效技术实际操作中的注意事项

一、技术要点

（一）田间实地调查

我国生产上发生的病害有 30 多种、害虫 30 多种、稻田杂草 10 多种。不同稻区气候生态环境、栽培管理水平、用药习惯不同，使得水稻病虫草害发生的严重程度在年度间、地区间、品种间差异较大。因此，在生产中，首先要进行田间实地调查，摸清该种植区域的病虫草害发生种类、发生时间和优势种群，根据具体情况实施因地制宜的农药减施增效技术措施。

（二）准确预测预报

尽早行动，严格规范开展病虫监测调查，加强对稻瘟病、稻飞虱、稻纵卷叶螟等流行性重大病虫害的监测力度，密切关注菌源地及相邻省份的发生实况和扩展动态，科学研判发生趋势。全面掌握纹枯病、二化螟等病虫及杂草发生动态，结合田间土壤墒情变化、气象预报以及水稻长势等因素，准确分析，精准预测，提前防治，争取科学防控主动权。充分发挥智能监测站（点）作用，做好智能监测设备（工具）的维护工作，适时运行病虫数据采集，科学比对分析，提高监测预警信息的精准度和时效性。

（三）应用综合防控技术

农药减施增效技术的核心是实施绿色防控，最重要的是转变观念和防治策略，改变单纯依赖化学农药的思维模式和见病虫就打药的防治方式，强调以稻田生态和作物为中心，首先要建立良好平衡、自然控害能力强的稻田生态系统，实行生态调控、选用抗性品种、合理的水肥管理、适合的农艺栽培措施、物理阻隔、天敌保育等基础性措施，大幅度降低病虫害发生的概率和程度，减轻药剂防治压力。

病害防控坚持预防为主的策略，即在发病初期、发病中心施药防治，防治病害扩散、蔓延。害虫防控注意依据防治指标，掌握害虫生长发育对药剂敏感的时期和水稻关键生育期，进行精准防治。杂草防除应采取农艺措施和化学除草相结合的方法。农艺措施主要有3个方面，一是建立地平沟畅、保水性好、灌溉自如、排水通畅的水稻生产环境；二是结合种子处理，清除杂草种子，并结合耕翻、整地，消灭土表的杂草种子；三是实行定期的水旱轮作，减少杂草的发生；四是提高播种的质量，一播全苗，以苗压草。

二、农药的科学使用

（一）适症用药

根据病、虫、草的发生类别、发生程度和稻谷生产等级，科学选择绿色、高效农药。根据《绿色食品　农药使用准则》（NY/T 393—2020），AA级绿色食品生产中可以使用除苯丙烯菌酮、留烯醇、琥胶肥酸铜、辛菌胺醋酸盐、四霉素、阿维菌素和甲维盐以外的其他生物农药，A级绿色食品还可以使用甲维盐。

（二）适量用药

用量要精准，根据药剂标签推荐剂量以及抗药性情况适量用药。过量用药会产生药害、对人有毒，导致产量降低、品质下降、污染环境等问题。

（三）适时用药

掌握喷药时期，预防性施药严格遵守病虫草害发生的时间节点；防治施药应达到病虫草害防治指标时施药。坚持“治早、治小”，例如稻飞虱要在若虫1～3龄高峰期施药，二化螟、稻纵卷叶螟等要在卵盛孵期（1～2龄幼虫）施药。根据药剂特性和病虫草害的生物学特性，选择合适的天气和时间段施药，若遇意外天气，及时补防。

（四）适法用药

控制施药过程，符合药剂特性并保证充足的喷液量。将农药与高效的施药器具结合开展病虫害防治，提高农药利用率，减少漏药、洒药等情况。

（五）轮换用药

注意药剂间的轮换使用，同一种除草剂每年只能使用一次。

三、技术推广应用中的保障对策

2022 年 12 月，农业农村部印发《到 2025 年化学农药减量化行动方案》（以下简称《方案》），提出到 2025 年，建立健全环境友好、生态包容的农作物病虫害综合防控技术体系，农药使用品种结构更加合理，科学安全用药技术水平全面提升，力争化学农药使用总量保持持续下降势头。化学农药使用强度中，水稻、小麦、玉米等主要粮食作物化学农药使用强度力争比“十三五”期间降低 5%。农药减施增效技术还需要不断地完善和推广应用，推广应用过程中需要多部门联合，提供相应的保障。

（一）加大水稻病虫草害防控技术宣传、示范力度

一是在病虫草害防治适期，充分利用电视、广播、微信、抖音等媒体进行宣传，讲清楚防治对象、防治日期、选用药剂、防治方法、注意事项等。

二是广泛开设农民田间学校，在病虫草害防控的关键时期，农技人员要以田间学校为平台，辅导农民进行田间调查，掌握病虫草害发生情况，通过培训农民，推广和实施治理技术措施。

三是进一步完善农技推广体系，设立水稻病虫草害防控示范户，选择接受能力强、有一定群众基础的家庭农场、农民合

作社服务组织或农户，作为培训和指导的对象，通过他们的实际防治操作示范，把科学的防治技术与方法传授到千家万户。

（二）加大政策支持力度和农药市场监管力度

一是对新技术的推广给予一定的补贴，在稻田安装智能监测站、杀虫灯、诱捕装置等，通过政策推动来调动农民使用绿色防控技术的积极性。

二是农药供应以农资公司和个体经销商为主，市场不规范、混乱。应以农资有限公司连锁店经营为主要渠道，对水稻等主要农作物病虫害防治进行统一农药配方。对于一些夸大防治效果的农药厂家、农药品种和经销商要坚决整顿甚至取消资格。

（三）加大统防统治的组织力度

统防统治是指在一定区域内“统一防治时间、统一防治药剂、统一防治方法、统一防治人员”的合作化、专业化防治的基本组织形式。统防统治是克服千家万户分散防治中存在的一系列问题，真正实现高效化、科学化防治的根本途径，也是现代农业发展的必然要求。

主要参考文献

车琳，蒋沁宏，王也，等，2022. 我国水稻五大产区虫害发生及防控情况差异的比较分析 [J]. 植物保护，48（3）：233–241.

常菊花，何月平，2016. 二化螟对常用杀虫剂的抗性研究进展 [J]. 长江大学学报（自科版），13（9）：4–6，21.

陈峰，冯尚宗，李景岭，等，2017. 临沂市水稻生产现状 · 问题 · 对策 [J]. 安徽农业科学，45（7）：223–225.

陈峰，朱文银，张洪瑞，等，2009. 山东省水稻黑条矮缩病发病状况及防控对策 [J]. 山东农业科学（11）：96–99.

陈香华，2014. 防治水稻纹枯病新型药剂的筛选及药效研究 [D]. 南京：南京农业大学.

范允卿，张舒，喻大昭，等，2012. 稻曲病病原菌毒素研究进展 [J]. 湖北农业科学，51（21）：4701–4704.

冯思琪，张亚玲，2018. 水稻胡麻叶斑病的研究现状综述 [J]. 安徽农学通报，24（20）：66–67.

傅强，黄世文，2019. 图说水稻病虫害诊断与防治 [M]. 北京：机械工业出版社：1–290.

高婷，王红春，石旭旭，等，2013. 水稻机械化插秧栽培及其草害防除 [J]. 江苏农业科学，41（9）：60–62.

高婷，王红春，石旭旭，等，2014. 小麦秸秆还田及水层深度对水稻机械化插秧田主要杂草种群发生规律的影响 [J]. 江苏农业学报，30（1）：53–57.

郭明国，刘东涛，王伦，2010. 水稻纹枯病的发生规律与防治技术 [J]. 现代农业科技（4）：221.

郭学军，2004. 0.1% 阿维菌素 8000 IU/mg 苏云金杆菌可湿性粉剂研制 [D]. 杨凌：西北农林科技大学 .

胡春锦，李杨瑞，黄思良，2004. 水稻抗纹枯病的研究新进展 [J]. 中国农学通报（2）：186–189.

胡先文，孙俊铭，2023. 水稻种子肟菌・异噻胺包衣处理对恶苗病和立枯病的防治效果 [J]. 安徽农业科学，51（12）：128–131，202.

胡友发，刘方义，刘美仁，2009. 水稻直播栽培的风险与防范 [J]. 江西农业学报，21（10）：149–150，153.

黄世文，2010. 水稻主要病虫害防控关键技术解析 [M]. 北京：金盾出版社 .

贾国君，2015. 水稻生产现状及发展趋势分析 [J]. 北京农业（12）：159–160.

江守林，全银华，黄珂毓，等，2014. 气候变化下山东稻区水稻重大害虫灾变规律及其防控评价 [J]. 生物灾害科学，37（1）：20–25.

李波，韩兰芝，彭于发，2015. 二化螟人工饲养技术 [J]. 应用昆虫学报，52（2）：498–503.

李成德，2010. 水稻纹枯病的影响因素与调查防控 [J]. 陕西农业科学，56（1）：42–45，90.

李风顺，乔俊卿，张荣胜，等，2022. 防治水稻恶苗病拮抗细菌的筛选、鉴定和评价 [J]. 江苏农业学报，38（4）：907–914.

李茹，罗小娟，董立尧，等，2009. 醴肠种群对除草剂的敏感性 [J]. 江苏农业学报，29（6）：1514–1516.

李涛，袁国徽，钱振官，等，2022. 外来入侵恶性杂草牛筋草的化学防除药剂评价筛选 [J]. 植物保护，48（3）：349–356.

李香菊，2018. 近年我国农田杂草防控中的突出问题与治理对策 [J]. 植物保护，44（5）：77–84.

李忠秋，2015. 1960 年代济宁滨湖稻改研究 [D]. 济南：山东大学 .

刘庆虎，2016. 长江中下游地区直播稻田杂草种子库及千金子（*Leptochloa chinensis*）防控技术研究 [D]. 南京：南京农业大学 .

刘振林，杨军，金桂秀，等，2015. 山东水稻稻瘟病发病规律、特点及防治措施 [J]. 安徽农业科学，43（14）: 105–106.

林宇萍，2018. 浅述水稻纹枯病的发生情况及综合防治现状 [J]. 南方农业，12（36）: 8–9.

刘慧敏，李闪红，王满困，等，2008. 二化螟人工饲料关键因子的优化及其优化配方的饲养效果 [J]. 昆虫知识，45（2）: 310–314.

刘晓漫，曹坳程，王秋霞，等，2018. 我国生物农药的登记及推广应用现状 [J]. 植物保护，44（5）: 101–107.

刘延，刘华招，高增贵，2015. 野慈姑对吡嘧磺隆抗性的分子机理 [J]. 杂草学报，33（3）: 20–23.

鲁程远，张娜，董明灶，等，2010. 苏云金杆菌与阿维菌素混用防治抗药性二化螟的效果 [J]. 浙江农业科学，13（1）:133–135.

鲁艳辉，高广春，郑许松，等，2016. 不同生育期和氮肥水平对水稻螟虫诱集植物香根草挥发物的影响 [J]. 中国生物防治学报，32（5）: 604–609.

马永利，杨百战，2023. 鲁南地区水稻干尖线虫病防控技术研究 [J]. 安徽农业科学，51（15）: 127–130.

茅忠权，汪国文，李章达，等，2019. 7 种药剂对水稻纹枯病的防治效果 [J]. 浙江农业科学，60（1）: 95–96.

亓璐，张涛，曾娟，等，2021. 近年我国水稻五大产区主要病害发生情况分析 [J]. 中国植保导刊，41（4）: 37–42, 65.

全国农业技术推广服务中心，2015. 2015 年全国农作物重大病虫害发生趋势预报 [J]. 中国植保导刊，35（2）: 43–48.

单提波，2018. 不同除草剂组合对旱直播稻田杂草化除效果及安全性评价 [J]. 天津农业科学，24（1）: 79–82.

舒畅，汪笃栋，2009. 二化螟成灾规律与控制 [M]. 北京：中国农业科学技术出版社：1-17.

束华平，陈宏州，周晨，等，2022. 11% 氟环·咯·精甲种子处理悬浮剂对水稻恶苗病的防治效果 [J]. 农业装备技术，48（2）：23–26.

孙雅君，孟庆虹，王才林，等，2015. 第十三届粳稻发展论坛之 15′全国优良食味粳稻品评结果报告 [J]. 北方水稻，45（5）：1–4，10.

檀立，2021. 安徽水稻纹枯病菌对杀菌剂的敏感性及吡唑醚菌酯的作用机理 [D]. 合肥：安徽农业大学 .

汪汉成，周明国，张艳军，等，2007. 戊唑醇对立枯丝核菌的抑制作用及在水稻上的应用 [J]. 农药学学报（4）：357–362.

王清文，张华，鲁永明，等，2016. 几种杀虫剂防治水稻二化螟药效试验 [J]. 陕西农业科学，62（7）：18–19.

王秋菊，2012. 黑龙江地区土壤肥力和积温对水稻产量、品质影响研究 [D]. 沈阳：沈阳农业大学 .

王晓莉，李哲，叶文武，等，2020. 江苏省 13 个地区水稻种子携带 4 种不同恶苗病菌的 LAMP 检测 [J]. 南京农业大学学报，43（5）：846–852.

王艳彬，2020. 不同喷洒方式防治水稻稻曲病的效果研究 [J]. 种业导刊（2）：34–36.

王洋，张祖立，张亚双，等，2007. 国内外水稻直播种植发展概况 [J]. 农机化研究（1）：48–50.

武向文，王法国，曹青，2019. 华东部分稻区水稻田千金子对氰氟草酯的抗性 [J]. 农药学学报，21（3）：285–290.

吴修，杨连群，陈峰，等，2013. 山东省水稻生产现状及发展对策 [J]. 山东农业科学，45（5）：119–125.

徐晗，董海，褚晋，等，2022. 防治水稻烂秧病的药剂筛选与评价 [J]. 园艺与种苗，42（6）：65–66，69.

姚英娟，徐雪亮，曾水根，等，2013. 二化螟对不同药剂的敏感度研究 [J].

植物保护，39（6）：95–99.
杨百战，杜绍印，宋小玲，等，2011. 移栽稻田杂草稻的发生特点及防控措施 [J]. 北方水稻，40（5）：58–60.
杨存玉，高发瑞，黎仲冰，等，2019. 济宁市水稻产业调研报告 [J]. 北方水稻，49（4）：47–50.
杨廷策，张国仕，2005. 2004 年晚稻胡麻叶斑病大发生特点及原因分析 [J]. 广西植保（3）：34–35.
俞再葆，2008. 水稻纹枯病的发生与综合防治 [J]. 安徽农学通报（2）：39–40.
张宏军，马凌，赵东涛，等，2017. 山东省水稻田除草剂的应用情况分析 [J]. 农药科学与管理，38（8）：14–18.
张帅，2017. 2016 年全国农业有害生物抗药性监测结果及科学用药建议 [J]. 中国植保导刊，37（3）：56–59.
张扬，王保菊，韩平，等，2014. 二化螟抗药性检测方法比较和抗药性监测 [J]. 南京农业大学学报，37（6）：37–43.
张朝贤，倪汉文，魏守辉，等，2009. 杂草抗药性研究进展 [J]. 中国农业科学，42（4）：1274–1289.
赵丹丹，周丽琪，张帅，等，2017. 二化螟对双酰胺类杀虫剂的抗药性监测和交互抗性研究 [J]. 中国水稻科学，31（3）：307–314.
赵敏，陈佳蕾，尹微，等，2021. 5 种杀菌剂对水稻纹枯病及稻曲病防效试验研究 [J]. 生物灾害科学，44（3）：300–304.
周燕芝，王文霞，陈丽明，等，2019. 直播稻田杂草发生与防除研究进展 [J]. 作物杂志（4）：1–9.
朱文达，周普国，何燕红，等，2018. 千金子对水稻生长和产量性状的影响及其防治经济阈值 [J]. 南方农业学报，49（5）：863–869.
朱新云，施慎年，丁维东，等，2016. 47% 氯吡 · 丙 · 异可湿性粉剂对水稻机插秧田杂草防效及安全性 [J]. 杂草学报，34（3）：50–53.
祝树德，高振兴，金党琴，等，2004. 印楝素对水稻二化螟的生物活性及

控制作用 [J]. 中国水稻科学，18（6）：551–556.

张宏军，马凌，赵东涛，等，2017. 山东省水稻田除草剂的应用情况分析 [J]. 农药，38（8）：14–18.

张如标，伏红伟，潘勇，等，2018. 水稻纹枯病发病因素及综合防治方法 [J]. 安徽农学通报，24（18）：48–49，130.

BAJWA A A, JABRAN K, SHAHID M, et al., 2015. Eco–biology and management of Echinochloa crus–galli[J].Crop Protection, 75: 151–162.

BECHER R, WIRSEL S, 2012. Fungal cytochrome P450 sterol 14 α –demethylase（CYP51）and azole resistance in plant and human pathogens [J]. Applied Microbiology & Biotechnology, 95（4）: 825–840.

CHAUHAN B S, JOHNSON D E, 2010. Implications of narrow crop row spacing and delayed Echinochloa colona and *Echinochloa crus-galli* emergence for weed growth and crop yield loss in aerobic rice[J]. Field Crops Research, 117（2/3）: 177–182.

DOU Z, TANG S, CHEN W, et al., 2018. Effects of open–field warming during grain–filling stage on grain quality of two japonica rice cultivars in lower reaches of Yangtze River delta [J]. Journal of Cereal Science, 81: 118–126.

FISCHER A J, LOZANO J, RAMIREZ A, et al. , 1993. Yield lossprediction for integrated weed management in direct–seeded rice [J]. International Journal of Pest Management, 39（2）: 175–180.

GOKTEPE I, PORTIER R, AHMEDNA M, 2004. Ecological risk assessment of neem–based pesticides. Journal Environmental Science and Health Part B–Pesticides [J], Food Contaminants, and Agricultural Wastes, 39（2）: 311–320.

HAN L Z, LI S B, LIU P L, et al., 2012. New artificial diet for continuous rearing of Chilo suppressalis（Lepidoptera: Crambidae）[J]. Annals of the Entomological Society of America, 105（2）: 253–258.

HE Y, ZHANG J, GAO C, et al. , 2013 .Regression analysis of dynamics of insecticide resistance in field populations of *Chilo suppressalis*（Lepidoptera: Crambidae）during 2002–2011 in China [J]. Journal of Economic Entomology, 106（4）: 1832–1837.

JANSSON R K, BROWN R, CARTWRIGHT B, et al. , 1997. Emamectin benzoate: a novel avermectin derivative for control of lepidopterous pests [C]//Sivapragasam A. Proceedings of the 3rd International Workshop on Management of Diamondback Moth and Other Crucifer Pests. MARDI, Kuala Lumpur, Malaysia: 171–177.

KNOWLES D A, 2001. Trends in Pestcide Formulations[M]. London：UK.

LI G, WU S G, CAI L M, et al. , 2013. Identification and MRNA expression profile of glutamate receptor–like gene in quinclorac–resistant and susceptible *Echinochloa crus-galli*[J]. Gene, 531（2）: 489–495.

LU X M, ZHU Z Q, DI Y L, et al. , 2015. Baseline sensitivity and toxic action of flusilazole to *Sclerotinia sclerotiorum* [J]. Crop Protection, 78: 92–98.

MAUN M A, BARRETT S C H, 1986. The biology of Canadian weeds. 77. *Echinochloa crus-galli*（L.）Beauv[J]. Canadian Journal of Plant Science, 66（3）: 739–759.

MU W, WANG Z, BI Y, et al. , 2017 . Sensitivity determination and resistance risk assessment of *Rhizoctonia solani* to SDHI fungicide thifluzamide [J]. Annals of Applied Biology, 170（2）: 40–250.

SINGH P, MAZUMDAR P, HARIKRISHNA J A, et al. , 2019. Sheath blight of rice: a review and identification of priorities for future research. [J]. Planta, 250（5）: 1387–1407.

XU H L, LI J, WU R H, et al. , 2017 .Identification of reference genes for studying herbicide resistance mechanisms in Japanese foxtail（*Alopecrus japonicus*）[J]. Weed Science, 65（5）: 557–566.

附 图

图 2-1 稻叶瘟

图 2-2 穗颈瘟

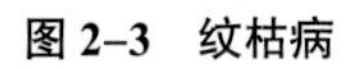

图 2-3 纹枯病

图 2-4 恶苗病

图 2–5　胡麻叶斑病

图 2–6　稻曲病

图 2–7　稻飞虱

图 2–8　稻蓟马

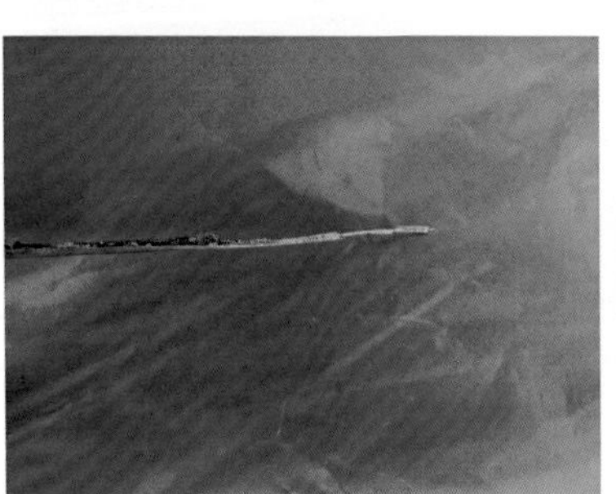

图 2–9　稻纵卷叶螟

图 2–10　二化螟

图 2-11　稻苞虫

图 2-12　稗草

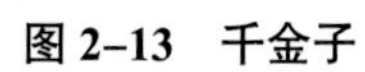

图 2-13　千金子

图 2-14　马唐

图 2–15　牛筋草

图 2–16　头状穗莎草

图 2–17　异型莎草

图 2-18　藨草

图 2-19　鳢肠

图 2-20　鸭舌草

图 2-21　节节菜

图 4–1　济宁农丰试验示范

图 4–2　济宁两河试验示范

图 4-3　济宁鱼台县试验示范

图 4-4　临沂河东区试验示范

图 4-5　临沂费县试验示范

图 4-6　临沂费县技术培训

图 4-7　临沂费县技术培训推广

图 4-8　东营示范培训

图 4–9　山东乡村广播技术宣传

图 4–10　山东乡村广播济宁现场观摩会报道

图 4–11　山东广播电视台农科频道报道